沒有天生在上位
學會「帶人」無所畏

高 EQ、大格局、好手腕，
你讓下屬人人追捧、老闆不得不用！

楊仕昇，原野 編著

別再覺得自己只能當底層，成就取決於你的膽識！

當有升遷機會向你招手時，你有足夠的能力和一顆強心臟 hold 住嗎？

覺得小螺絲變成領導者有點力不從心？擔心下屬對你面服心不服？

想要在職場更上一層樓，請大方秀出你不甘籍籍無名的職業熱忱，

從溝通技巧、應對態度到處事風格，本書將教你最實用的管理小撇步！

目錄

目錄

第四章　建立不可動搖的威信

第五章　表現職場決策力

第六章　讓每個員工都人盡其才

第七章　管理好團隊每一個小兵

第八章　巧用批評，增強執行力

目錄

第十一章　掌握和同事交往的藝術

第十二章　掌握被領導的原則

第十三章　在上司面前表現你的優秀

目錄

前言

　　著名的美國管理大師戴明博士（William Edwards Deming）說，企業中的問題有 82% 是由於管理原因造成的。在這些管理原因中，主管是否管理得當占很大比重。我們發現，如果企業或部門經營得好，背後往往有一個得力的主管；如果經營得不盡如人意，也是因為主管沒有發揮應有的作用。

　　那麼，主管怎樣做才能適應企業的需求，發揮「領頭羊」的作用呢？

　　主管要達到使上級和員工都滿意的標準，需要從個人的人生目標、品德、行為、能力等方面嚴格要求自己，不斷提升自己。既不能像某些高階領導者那樣高高在上，威嚴無比，令員工不敢接近；也不能只是發號施令，難以令員工真心地佩服；更不能和員工相處得太隨便，甚至讓一些精明的員工把自己指使得團團轉。

　　主管，既要代替上司做決策，又要管理員工。要管理員工不僅要讓員工愛戴你，還得真心佩服你。以此為目標，主管要提升自己的人格魅力、增強自己的領導能力，而且要有真才實學，能解決員工解絕不了的棘手問題，那樣員工才會佩服你，這就需要主管提高自己各方面的能力。

　　當然，主管還要懂得放手用人，唯有把團隊的員工培養成

前言

優秀的人才,才具備了成為領導者的基本條件。另外,在應對企業外部的事務時,主管還應是企業或上司的代表,要建立自己良好的形象,提高公眾對企業的認可度。

由此可見,只有在工作中不斷鍛鍊自我、超越自我,才能慢慢達到優秀主管的標準,才能使上司感到任用這樣的主管讓他放心、安心,也才能使員工感到在這樣的主管領導下,工作如意、生活順心。如此,主管已經具備了領導力、凝聚力和驅動力,離優秀主管的目標就不遠了。

編者

第一章
向著當主管的目標前進

第一章　向著當主管的目標前進

　　如果問職場中的基層職員，他們的理想是什麼，答案一定各式各樣。也許有人說自己想創業當老闆，也許有人說有一天想成為一名高階經理人。可是，當問他們是否想要當主管，他們可能都會不置可否。

　　在他們看來，小小主管算不上什麼管理者，因此也不能列入自己的奮鬥目標。可是，他們忽略了職場升遷最重要的一點，有誰是從普通員工一躍升為高階經理人的嗎？有這樣的天方夜譚嗎？即便是李嘉誠的兩個兒子李澤楷、李澤鉅，不也是從普通員工開始奮鬥打拚，從基層主管升至中階、從中階再成為高階經理人的嗎？

　　因此，做主管是通往高階經理人的階梯。唯有在擔任主管的歷練中，鍛鍊高階經理人應具備的能力後，才能更接近高層一步。雖然不是每個主管都有可能晉升到高階職位，可是沒有在基層做主管的歷練很難晉升到高層，即便破格提拔也不一定合格。

　　在企業中，主管發揮著重要作用。他們是企業這座大廈的支撐者，雖然不一定都高瞻遠矚、運籌帷幄，可是他們腳踏實地帶領員工打拚，在第一線衝鋒。正是有了身經百戰的歷練，以後他們無論在企業中晉升，還是自己創業，做主管的歷練都是一筆寶貴的管理財富。

　　擁有這一筆豐厚的財富，以後他們從事任何事業都站在較高的起點。與普通員工相比，他們各方面能力都更勝一籌；與

決策型的高層相比，他們擁有更多解決現場問題的能力。因此，可以說主管等於美好的職業前程。如果你想在受僱於人的情況下，獲得比許多業主收益更令人羨慕的薪資，那麼就從做主管開始歷練吧。這種歷練必定讓你收穫頗豐。

主管等於美好的職業前程

有些剛進入職場的年輕人心比天高，將自己的奮鬥目標定為高階主管，甚至總經理、總裁，在他們看來，達到此目標，美好的職業前程就盡在眼前，堪稱人生贏家了。與之相反，他們對公司裡小小主管的職位不感興趣。如果上司提拔他們做基層部門的主管，他們很可能並不領情，認為自己被大材小用。

在他們看來，主管實在不算什麼「官」。雖然對自己部門的員工來說可以稱得上權力有限的「老大」，可是對更上一層的領導者來說，主管和員工並無任何區別。而在老闆眼中，充其量也不過比普通職員略微突出一點而已。

其實，這種想法太過片面。主管的作用並非微不足道，雖然他們的地位和權威性比不上公司高層，他們卻是企業生產的統籌者，在對企業發展的貢獻中，作用不可小覷。據國外統計，一家成功的公司，總經理的作用占 40% 以上，而主管的作用比總經理所占的比例更大。

第一章　向著當主管的目標前進

　　另外，主管的作用也有目共睹。美國《經理人》雜誌對企業員工的調查顯示，有 73% 的員工認為自己部門的主管 —— 而非公司總裁，將直接決定公司整體目標的達成與否。

　　主管不僅在員工心目中有著如此重要的地位，而且在老闆心目中也占據不可估量的位置。超過 40% 的企業總裁認為自己的公司裡最能幹的菁英集團就是主管層。

　　比如 IBM 公司，其業務從西元 1985 年開始下滑，直到 1994 年初郭士納成為公司新的負責人，實施一系列變革創新措施後才使公司得以東山再起。

　　郭士納的成功之處，就在於他有效激起中階主管的積極主動。所有的中階主管都發揮了自己應有的作用。假如沒有這些中階主管的支持，及其強大的執行力，即使郭士納本人的決策再高明也不能落實到位。

　　由此可見，主管作為員工中的領頭羊，有非常重要的作用！無論在生產、品管、技術、財務部門，還是在行政、公關、人力資源部門，主管永遠都是企業發展的中堅力量，是支撐企業這座大廈的中流砥柱。

　　既然員工和老闆對主管的作用和能力如此認可，那些輕視主管，或者有成為主管的機會卻不重視這個職業的員工們，就需要反省自己的錯誤觀念。自己只是基層員工，對主管一職不屑一顧，也就無法獲取主管的職位，更做不好主管。既然連主

管都做不好，又談何腳踏實地、一步一腳印地向上發展？

我們知道，所有目標都不是一蹴可幾的，職場的升遷也同樣不可能一步登天。要成為總經理或者總裁等級的領導人物，需要先經過主管這些最基層職位的鍛鍊。

對於普通員工來說，被擢升為部門主管就代表著自己從處於執行層的普通員工躍升為擁有一定決策權的管理人員，職業生涯從此大大不同，已經加入準專業經理人一族。也就是說，主管代表的並不只是薪水的提高，更是一種人生的歷練，主管代表的是美好的職業前程和職場的晉升。

如果一名員工能被提拔為主管，比如經理、主任、處長、部長、課長等，則證明他工作比他人勤奮，能力比他人出眾。如果你善於經營自己的事業，在擔任主管的過程中不斷累積管理的經驗和實力、增廣自己的見識，拓展自己的眼界和人脈關係後，還可以再往上層晉升，從小主管越做越大，成為人們眼中事業有成的高階主管，享有令人欣羨的待遇。而這一切並非天方夜譚。有調查顯示，在大中型企業中，80%以上的高階經理人都是從基層部門主管晉升上來的，他們從主管晉升到高階經理人平均花費 10 年。

因此，千萬不要對主管不屑一顧，今天是普通小主管，明天也許就是企業的棟梁。明白了這一切，難道你還會看不起小主管這個職位嗎？

要有當主管的欲望

　　既然主管代表美好的職業前程，相信很多員工都對主管這個職位充滿嚮往。有嚮往才有奮鬥的動力。唯有在自己的心中激起當主管的激情和衝動，有想當主管的強烈願望，才能向著這個目標努力，以主管的標準要求自己，主動表現自己的與眾不同，才能進而打拚出屬於自己的美好職業前程。

　　這個看似簡單的道理，其實並非所有的員工都懂得。

　　在不少企業中都有這樣的現象，有些員工才華、能力和專業知識都被人認可，可是他們一輩子都默默無聞，始終沒能在人生上突破，總是在員工一職原地踏步。這有相當程度是因為他們自己始終不曾有當主管的欲望。這聽起來似乎不可思議，可現實生活中的確就有這樣的人。在他們看來，自己當一名普通員工已經很不錯，不用負擔什麼責任，只要自己領導自己，對自己負好責即可。在這種心態下，他們自然不會想到去當什麼主管。結果，在這種只圖清靜無為的心態中，他們的才能也始終沒有找到發光發熱的舞臺。

　　的確，管理就意味著責任，主管也是一樣，不論是基層還是中層，甚至高階主管，都意味著一定的責任和義務。他們享有比普通員工更多的薪資和職位待遇的同時，也將承擔更多的管理責任。

　　此時的主管不可能像普通員工那樣只想到為自己負責，要想到對公司負責、對自己管理的部門負責、對員工負責、對其他相互協作配合的部門負責、對部門客戶負責甚至包括對社會負責。此時的主管也不可能像普通員工那樣只完成自己的工作即可，而是要把自己的工作和部門的目標結合起來。

　　主管要致力於企業的目標、規劃和政策的執行。當上司考核他們時，不僅僅評估他們自身的目標達成度，還得考核他們部門的目標達成度，因為他們是身兼「管理者」與「部屬」兩種身分的主管。

　　在這種情況下，不願擔負更多的責任，甚至事不關己、高高掛起的人對主管職位恐怕是避之唯恐不及的，更不可能有當主管的野心和衝動。因此，他們無法在職場上更上一層樓，也是理所當然的了。

　　至於管理員工，更是主管的重要工作內容。管理就是要管人管事。主管既要在工作上為下屬提供工作指導和訓練，為他們提供晉升的機會，又要在生活上關心他們，處處需要操心。另外，主管還要協調部門之間的相互關係，尤其有時候為了企業整體目標而不得不犧牲部門某些利益時，還需要忍痛做出抉擇，此時就面臨被員工誤解和埋怨的處境。

　　這都是很麻煩的事情，面臨這些沉重的責任和難題，有些人便會選擇不去嘗試或者直接放棄。然而，如果每個人都持有

第一章　向著當主管的目標前進

這種想法，只管理自己，追求獨善其身，公司就難以有良好進展。如果你對主管這個職位採取逃避的方式，升遷為管理者的機遇自然就不會降臨到你的頭上。

由此看來，想要當好主管，首先要有想當主管的願望。如果清心寡欲，內心根本就沒有當主管的願望，缺乏勇於挑戰困難、挑戰自我的勇氣和膽量，自然也當不好主管。

其實，有些人之所以清心寡欲並非性格使然，很大程度上是源於內心自信的不足，用這種乍見恬淡超脫的藉口掩飾，其實完全沒有必要。改變命運的主動權握在自己手中，說不定，自己身上隱藏著這方面的潛力，一旦被喚醒，自己的命運也會隨之發生一番改變。不敢相信自己的才能，是對人生最大的不負責任，也是對自己最大的不負責任。

古希臘的大哲學家蘇格拉底在風燭殘年之際，曾希望能找到最優秀的人繼承他的衣鉢。於是，他想點化那位平時看來很不錯的助手，希望他能幫助自己達成這一心願。可是自卑的助手卻回答蘇格拉底：「我一定竭盡全力地去尋找，以不辜負您的栽培和信任。」此後這位得力助手不辭辛勞地透過各種管道帶來一位又一位人選，都被蘇格拉底一一婉言謝絕了。

最後，當蘇格拉底病入膏肓時，助手也沒能達成自己的諾言。助手慚愧地說：「我真對不起您，讓您失望了！不過，我一定加倍努力，找遍五湖四海，也要把最優秀的人舉薦給您。」

此時，蘇格拉底硬撐著坐起來，撫著那位助手的肩膀說：「真是辛苦你了，其實，你找來的那些人還不如你……」他語氣沉重地對助手說：「本來，最優秀的就是你自己，你這樣做就是對不起自己……」

其實，每個人都有最優秀的一面，差別就在於如何發掘自己的優點。當自己已是一匹千里馬，何必騎著馬又找馬。因此，那些對自己的能力不自信的人，挺直你的背，目光朝前，向著主管這個目標衝刺吧。超越自己是一種精神。只有在你的心中激盪起努力向上的雄心壯志，才能成就自己的一番事業。這樣做，不僅對自己有利，也是團隊和老闆們所需要的。因為企業進步是靠員工推動的，員工前進一小步，企業就會跨越一大步。唯有員工不斷超越自己，才能替企業創造更多價值。

要有渴望團隊成功的意念

目前在員工群體中，有些只關注個人利益，或者充滿個人英雄主義的人，只把當主管看成自己升遷的管道，只想透過主管的職位為日後的晉升創造優勢，這就完全背離了公司設置主管一職的目的。

公司之所以設置主管這個職位，並非要主管自我表現，做單打獨鬥的獨行俠，而是為了讓他帶領團隊成員，在公司率領

第一章　向著當主管的目標前進

下齊心協力達成部門的目標。因此，不論是有當主管願望的員工，還是正在主管位置上的人，都需要明白一個道理：當主管不僅要證明自己的價值，目標是在自己的引領下，使團隊中的每一個人都得到更好的職涯發展。

唯有自己心中充滿使團隊成功的欲望，才能熱情高漲、不計辛勞和報酬地投入工作，才能心甘情願地幫助他人、不讓任何同事落後，這才是主管使命感和責任感的表現。如果身為主管，在工作中只看到自己的利益，卻忽視團隊的利益、喪失團隊精神的話，就不能算是一個真正的好主管。

我們知道，現在企業的競爭就是人才的競爭，團隊的競爭。一個優秀的團隊應該從核心領導者開始，這位領導者該有大局觀，把集體的榮譽和得失看得重於個人的利益。他明白在企業中，如果只強調個人的力量，即便表現得再完美，也難以創造最高價值，只有團隊的每位成員緊密合作，企業才能取得最大成功。因此，那些優秀的主管都具備這樣的理念和認知，個人的成功離不開企業，是企業成就了員工；沒有團隊的成功，也就沒有個人的成功。正因為他們這樣的想法，故讓團隊成功，才是他們始終追求的目標。

由於他們自身追求的目標和理念，他們在引導員工時也會帶領員工了解團隊合作的重要性，努力摒棄個人英雄主義，使員工與員工之間緊密配合，團結一致，努力獲取團隊的成功。

正因為主管有渴望團隊成功的意念，他們才會努力激發每一位員工參與的積極度，充分發揮每一位員工的才華，讓他們為團隊的成功出謀獻計；正因為員工有渴望團隊成功的意念，在與其他部門的競爭中才勇於勇挑重擔，而主管更是奮勇向前，身先士卒，以自己的行為替團隊爭光。

正因為這份對團隊成功的渴望，即便對那些落後的員工，他們也不願拋棄，反而努力幫助他們改正錯誤，讓他們能跟上團隊前進的步伐。

在任何一個團體中，那些優秀稱職的主管，一事當前，並不計較自己的利益，而是優先考慮團隊的得失，甚至有時會為了團隊而犧牲自我，因為讓團隊成功、讓團隊的每一位成員都成功，遠遠大於自己一個人的成功。

因此，唯有心中充滿讓團隊成功的欲望，才是身為主管正確的管理理念和奮鬥的動力。如果員工以主管為目標衝刺，首先要建立這樣的理念。

要具備管理團隊的能力

員工有了當主管的欲望固然很好，可是要成為一個稱職的主管卻不是人人都能做到的。既然主管是從員工躍升至管理階層，那麼是否具備管理團隊、帶領團隊的能力是考核的關鍵。

第一章　向著當主管的目標前進

所謂管理，通常被定義為：「有效利用部門內的資源以達到目標的能力。」有無管理能力是考核一個人是否適合擔任主管的重要條件。何飛鵬曾在他著的《自慢》一套書中坦言，自己初當主管時不明白管理的真諦，不是任務分配不公，就是把自己累得半死，而員工卻輕鬆無比。其實這種情況並非何飛鵬一個人的經歷，許多主管，尤其是新上任的主管都曾有過這樣的經歷，只是程度不同而已。既然管理能力如此重要，有意願做主管的人就要在平時的工作中有意識地鍛鍊自己這方面的能力。

一般來說，管理能力包括以下幾個方面：

▶ 管人的能力

儘管管理有管人管事之分，可是，管理大多是透過管人表現出來的。曾有人說過：「所謂管理，真正指的是對人的管理。而管理工作必須重視人的因素。」人是企業成敗的關鍵，因為人不僅能夠透過勞動創造價值，使生產經營順利進行，而且人的大腦可以決定企業如何運作，並促使這些想法獲得實踐。因此，想要管理好企業，就要加強對人力資源的管理，能管好人、用好人，就是管理能力的證明。

▶ 溝通能力

溝通就是一個人向另一個人傳遞資訊並獲得理解的過程，唯有透過溝通，人們才能互相理解，企業上下才能團結一致。

　　千萬不要認為溝通很簡單，在很多企業中，下屬和上級之間幾乎沒有什麼溝通可言。

　　很多中小企業的老闆汲汲營營於業績，認為只要員工業績好即可，因此上班後就埋頭工作，顧不上和員工溝通。在這種想法的影響下，員工之間也互不溝通，只埋頭工作。企業內部死氣沉沉，令人鬱悶。

　　在這種氛圍中工作，員工的壓抑之情可想而知。互不了解，也就容易產生對彼此的怨言。比如，上級因為下屬沒能聽從他的意見而埋怨不已，員工也總在背後議論主管太無能，太不稱職……這些例子數不勝數。為什麼會產生那麼多不能理解別人，也不能被別人理解的情況呢？答案便是：缺乏有效溝通。因此，如果你是一位主管，或者想成為一位主管，就應該想一想，你是否具備了擔任主管的溝通能力？

　　其實，與員工溝通的目的在於相互理解和達成共識，讓員工感到受重視，從而心情舒暢，樂於達成企業的目標。

　　奇異公司總裁傑克・威爾許就很注重溝通能力。1981 年 4月，他上任後即實行「全員決策」制度，那些平時絕少有機會相互交流的一般職員、中階主管以及工會理事長等，都被邀請出席決策討論會，各抒己見。之後，這種制度被沿用下來。可以說奇異公司的成功就在於與員工的溝通，從而激發了員工的積極度。

第一章　向著當主管的目標前進

由此可見，溝通是主管成功的重要途徑，也是其雄才大略得以達成以及企業成長的前提之一。因此，主管一定要知道溝通的重要性，不論在部門內部還是在部門之間，都要加強溝通。

▶ 協調能力

管理能力不僅包括管理員工的能力，而且還包括和其他部門的溝通和協調能力。因為在企業內部，很多工作都需要部門間的相互合作才能達成。為此，作為主管的任務之一便是及時溝通協調企業內部分散的專業部門，使各部門都能同心協力，為企業創造輝煌業績而共同努力。

▶ 計畫實施能力

計畫是確定目標和評估達成目標最佳方式的過程。有計畫即是有具體目標。如果沒有計畫，也就不可能採取任何行動讓人邁向成功。

而保證計畫得以實施的能力，則要求主管能落實書面任務。要做到這一切，需要主管有解決問題的能力，運用自己的聰明才智，透過實際行動去追求並實踐目標。這也是對主管能力考核的關鍵。

另外，是否具備管理能力，以及管理能力的高低，也可以用管理方法等標準來檢驗。

在企業內，如何組合並有效地使用各種資源，往往是企業

成敗的關鍵。而要有效組合這些資源，必須要有正確的方法。了解這些方法及技術，對於不同部門的主管而言也極為重要。

如果是財務主管，就會關注管理錢財的方法，他們會努力降低成本、增加效益，以使每一塊錢都發揮最大的使用價值；如果是工程師和技術管理人員，就要懂得如何使用材料及設備才能使其效能達到最大，以便更好地利用企業中的重要資源；如果是人力資源主管，就要知道如何發揮員工各自的特長，激發員工工作的積極主動。

主管面對的員工各種各樣。管理能力高的主管能夠讓員工服從自己，步調一致以獲取勝利，而管理能力低的主管不小心就會被精明的員工耍得團團轉。那些性格懦弱、缺乏管理手段的主管甚至還會哭鼻子。因此，檢驗一個主管是否有管理能力，從這些方面檢驗便能一目瞭然了。

當然，沒有人是天生的管理者，主管需要透過不斷地實際操作，從中培養自己的管理能力。但是，在明白當主管需要具備一定的管理能力後，有意挑戰主管職位的員工可以主動在平時的工作中鍛鍊自己，培養當好主管必須具備的綜合能力。

總之，唯有把自己想當主管的願望，和自身具備的管理能力結合起來，才能真正實踐自己的主管夢。

第一章　向著當主管的目標前進

第二章
主管應具備的能力

在企業中，主管扮演著「將」的角色。雖然他們也需要決策運籌，可他們更需要帶領下屬在第一線衝鋒。因此，這個職位並不是任何人都能勝任的。

那麼，做主管需要具備什麼樣的能力和素質呢？

中國古代名人孫子曾說：將者，智、信、仁、勇、嚴也。

・ 智：要有過人的智慧，能夠對事情作出合理的分析判斷，適時作出正確的決策。

・ 信：要言出必行，同時要信賴部屬，用人不疑、疑人不用，進而獲得部屬的信賴。

・ 仁：要有仁德，懂得愛護和關懷部屬。

・ 勇：要有做事的勇氣，行事果決，要有魄力地執行任務，並且不受讒言與威脅利誘動搖。

・ 嚴：嚴守規律，尊重制度，賞善罰惡。

一位稱職的主管也應具備以上這五條，除此之外，還需具備其他專業技能，這樣的主管才有資格「帶兵打仗」。

當好主管要有高 EQ

長久以來，有種傳統觀念一直在束縛著我們，那就是智商高的人一定會成功。但眾多的實驗和實例早已打破高智商者必定成功的神話。其實，智商的高低與一個人的成就沒有必然的

關聯。當主管也是一樣,僅有高 IQ 而低 EQ 同樣也不能勝任。

做好主管 EQ,也就是所謂的情商,包括人們對自身情緒的知覺力、評估力、表達力、分析力、轉換力、調節力等諸多方面。也就是能夠對自身內在的情感有較好的控制能力,也能適當描述自己的情緒。

這是為什麼呢?因為身為主管,既是領導者,又是被領導者,需要不斷變換角色和位置。如果是初次做主管的人,一定會因這個全新的角色感到很大的壓力。此時,如果無法掌控自己的情緒,任其隨意發洩,怎能有好人緣?怎能完善自己的人格魅力,從而造成凝聚人心的作用呢?

作為管理者,主管的情緒會直接對團隊產生影響。他們作為員工的激勵者,使命之一便是鼓舞團隊士氣、增強下屬工作的積極性。如果主管自身已經失去了信心,又如何使下屬為了公司而戰?因此,主管應謹記自己所處的位置和肩負的使命,要加強控制自我情緒的責任感。

無疑,高 EQ 的人能憑藉其較好的自控能力,避免使下屬因為自己莫名的情緒感到無所適從。

高 EQ 主要表現為以下幾點:

- **充滿自信**:作為主管,不可避免會碰到一些棘手問題。有些主管由於畏懼這些困難,不但自己背負了巨大的心理壓力,在下屬面前也會說一些喪氣話,讓員工感到很沮喪。

可是，自控能力很強的主管總是充滿自信，絕不輕易言敗，即便是面對不可莫測的未來，即便失敗的機率大於成功，也絕不會在下屬面前流露出悲觀的情緒，而會樂觀地安慰下屬，充滿信心地去做最後的嘗試。

· **具有堅強的意志**：在戰場上，決定雙方勝負的是什麼？是武器嗎？不全是，而是人們心中必勝的信念，和徹底摧毀敵方的堅定念頭。在戰爭中最後獲勝的總是那些意志堅強的部隊，勝利就是透過擊碎敵方想勝利的意念而獲得的。

· 公司就像一個戰場，而主管就是指揮作戰的元帥，必須具有堅強的意志力，因為主管的意志力就是團隊意志力的表現。唯有主管有堅強的意志力，團隊成員才會充滿必勝的信心，鼓舞鬥志。

· **頭腦冷靜**：高 EQ 的主管們面臨大事頭腦會很冷靜，即便是走在鋼絲上也能從容不迫、冷靜地作出決定。

· **富有親和力**：有些主管身邊經常圍繞一群愛戴他們的員工，儘管這些主管的能力不一定十分出眾，可是他們善於團結人，對人對事熱情、熱心，不但和員工們一起工作，還一起生活打鬧，相處得十分隨意、親密，員工們也感到他們可親可愛。這是為什麼？就是因為他們富有親和力。

這也是高 EQ 的表現，才能凝聚人心，吸引大批的追隨者，因為人們和他們在一起會感到快樂無比。

這些富有親和力的主管都格外細心體貼，他們時時把員工的安危冷暖掛在心頭。特別是對員工情緒變化、出差前後、工作變動、工作出差錯、內部不團結等情形，必定與當事人相談，了解他們的實際狀況。當員工遭遇天災人禍、生病住院、精神不振、家庭糾紛、愛情糾葛時，他們更會及時拜訪，安撫他們的心理。正是他們的這種主動關心讓員工感受到了溫暖，為團隊營造了和諧的氛圍。

由此看來情商能妥善反映個體的社會適應性，也是用來預測一個人能否取得職業成功的有效指標。

當然，重視情商並非忽視智商的作用，智商和情商並不是相互矛盾的。高情商者也可能具有高智商，低智商者也可能具有高情商，如能把對兩者的重視結合起來，必能獲得成功。

不要做這樣的主管

並不是每個人都能做好主管，比如下面這幾類主管就不合格。

▶ **只會做事不會管事**

有些人在做員工時很優秀，但把他們提升為主管卻不一定稱職。

余先生就是這樣的主管。他在做員工時非常有能力，個性

也很沉穩，當時總部正好空出工程部的主管職位，於是，上司就提拔了他，希望他能幫助一批新員工迅速成長。

沒想到一年過去，余先生工作得很吃力。他在執行層面經驗豐富、能力超群，但作為主管卻不稱職。有時員工做得有偏差，他總是親自下場補救。雖然上級曾派他參加兩次管理技能訓練班，但不知道是因為本性難移還是其他原因，並沒有獲得改善。

結果兩年下來，員工也向上級報告跟著這樣的主管學不到任何東西。為此，上級和余先生進行了一場長談，余先生在會談中承認自己適合做事，不適合管理。

但是，如果讓他重返一般員工職位，顯得太沒面子；繼續做管理職，又真的太累。最後，上級決定讓他當一位資深主管的副手，要他學習那位主管的管理藝術。如果兩年後余先生掌握了主管必備的管理技能，可以考慮提拔他當主管；如果兩年後還不能如願以償，那麼上級也就無能為力了。

其實余先生面臨的這種困惑，很多主管也可能經歷過。他們大多是從基層員工提拔上來的，遇到事情免不了親力親為。可是長此以往並不利於使員工取得進步。因此，這樣的主管是不合格的。

▶ 過於依賴型

此類主管強調服從，身為職員時顯得對上面忠心耿耿，有命令則絕對服從，然而在主管職位上，不是依靠上級的命令

來完成工作，就是總想依靠員工提出新設想，他們缺乏獨立性，自己毫無主見，不能根據部門當前局勢提出具有獨創性的方案。甚至當員工把問題擺在他們面前時，他們都沒有自己的主見。

這種缺乏獨立自主性的主管，難以使員工對他們產生信賴，其主管的部門必定不會有太大成就。

▶ 專權獨斷型

與缺乏獨立性的主管相比，這種主管自認勝人一籌，認為交給部屬做不如自己來，因此不懂得授權，也不願花時間指導部屬。他們甚至認為培養下屬就是為自己製造競爭對手，因此事必躬親，封鎖情報，更不會將成就與部屬分享。

▶ 保姆型

還有一類主管十分勤勞，像保姆一樣，隨時都面面俱到的指導下屬。他們總認為下屬做事情難以令人放心，甚至因此搶下屬的工作來做。具體表現就是平時喜歡到處走動，指示下屬如何進行工作，表面上是關心工作進度，實則希望下屬隨時請他幫忙。長此以往，員工摸透了他的脾氣，有事可能就會往他身上推。

這類主管由於無法鍛鍊員工自我解決問題的能力，也是不合格的。

第二章　主管應具備的能力

▶ 守舊型

此類主管是以不變應萬變的守舊型人物。收到上級交代的任務，只會墨守陳規、依葫蘆畫瓢。無論何時，他們都不會想到主動做事，一切蕭規曹隨，只求不出事，不曾想過如何調整工作以節省更多時間、提高工作效率。

在這種守舊觀念的支配下，他們對待一切需要嘗試的新工作大都採取不合作態度，也會阻擋下屬做新的試驗，其口頭禪通常是：「這些我們公司早就嘗試過，結果證明行不通。」

這種不懂得高效工作，不懂得經常隨周圍環境變化自動調整工作方式，工作方法缺乏靈活性的主管也是不合格的。這類主管永遠都無法培養員工的創新精神，他領導的團隊也不會有太大的成就。

▶ 外科醫生型

這種主管重視情報，注意大環境與市場需求的變化，並且以充裕的情報和資訊做綜合判斷，以求真正找出問題癥結，尋找解決對策。

這類主管比較細心，具有洞察力，可是往往治標不治本。因為只靠外因是無法解決內因引起的問題的。而他們把精力和時間過多地用於關注外界，忽略企業內部存在的問題，也忽略了培養員工的內部實力。

▶ 優柔寡斷型

這類主管自身性格懦弱，缺乏果斷性，總是不敢果斷拍板，不論大事小事、需要緊急決定還是緩慢執行的事情，總是要等上頭拍板後自己才去跟風。這種人也不適合當主管。

固然，中階主管作為被領導者，不能隨意自作主張。可是，主管也擔負著在部門中做決策的責任和權利，如果應該自己做決策的事還要等待觀望，不能自行判斷，機會就會稍縱即逝。這類主管自身的性格弱點也會延誤整個部門的發展。因此，也是不合格的。

總之，衡量一個主管是否合格，不僅需要評估他做事的能力，也需要對管理能力上的綜合評估。因為主管不是一個人在戰鬥，而是率領團隊作戰，必須得到團隊成員的支持和擁護。因此，合格的主管需要從能力、責任和品德修養等多方面自我提升，這樣才能擔負起員工領頭羊的重任。

主管最容易犯的錯誤

幾天前，在書店看到臺灣最大出版集團城邦的 CEO 何飛鵬的一本書。本來以為他是大談成功之道，可是他卻自陳 26 年主管經歷中所犯過的錯誤。其中，主要表現為：

· 自己努力做事，忘了讓下屬做事。

- 對於下屬只肯定，不責備、不懲處。
- 不知也不會激勵下屬。
- 忽視考核、討厭考核。
- 不會當裁判，當下屬犯錯時，總是以各打五十大板的方法「公平」對待。
- 太喜歡聰明人，導致團隊生態不平衡。
- 因為愛護部屬，總是站在部屬這邊，而忘了老闆與公司的存在。
- 不知主管是一門專業，忘了虛心學習。

何飛鵬很坦率，勇於坦陳自己的錯誤。其實，有許多主管在工作中所犯的錯誤遠遠比何飛鵬多得多。

不論是憑著自己的能力升上主管位置，還是由於其他各種原因坐到主管位置上的人，置身於忙碌而又複雜的職場環境中，由於分身乏術，免不了會犯下錯誤。

▶ 將自己錯位成領主

這種主管儼然是封建王朝的領主，將部門據為私人領地，甚至認為自己部門的人誰也動不了。只有在需要資源時，才想到上級。他們忘記了自己身為被領導的角色，忘記了自己與老闆是委託與代理的關係，自己只是被老闆委託，代理老闆行使管理職能。主管如果把自己想像為部門的擁有者，這就是嚴重的角色錯位。

▶ 沒有大局觀

　　主管容易犯的另一種錯誤就是眼裡只有部門利益，而沒有公司利益。一旦公司的制度傷害了個人利益以及部門利益的話，他們便不顧一切地挺身而出，想為自己以及部門向公司討個公道。

　　這種做法等於是讓自己的部門和公司完全對立，其結果自然會阻撓公司政策的實行。這種做法愚不可及，除了會招致上級的反感外，還會被其他部門的同事所孤立。若是一味執迷不悟，難免被免職、開除。因為老闆不會讓他們站到自己的對立面，危害企業的利益。

▶ 缺乏人情味

　　主管自身欠缺人格魅力也是員工所無法忍受的。在這方面，最典型的表現就是有些主管在下屬看來沒有絲毫人情味。

　　如果主管在員工的心目中落下「沒有人情味」的印象，即便自己再有工作能力，也不能算是合格的主管。如果沒有一點人情味，讓員工感覺相距十萬八千里遠，怎能談得上有效溝通？

　　除此之外，主管還容易犯的錯誤是擔心下屬超越自己，不敢任用比自己更優秀的人。這也會招致員工的不滿。

　　總之，以上這些錯誤，不論是出於好心還是無意，一旦發生在主管身上，不僅是主管自己，連帶的員工也會受影響。因

為主管的一言一行都會影響員工的行為態度。

因此，為了企業的發展考慮，為了員工的前途考慮，容易犯以上這些錯誤的主管應該反省一下，努力改正自己的錯誤觀念，不要讓自己的錯誤成為公司的絆腳石。

成為員工愛戴、老闆歡迎的主管，才是努力的方向。

主管職業化勢在必行

上節中，何飛鵬總結做主管所犯錯誤的目的，在於告訴大家主管其實也是一項專業，要勝任此職，需要具備各種不同的專業技能。

這就說明，將主管視為一樣專業勢在必行。特別是在以家族企業為主的私人公司中，更需要落實主管職業化。如果只是沿襲家族制、任人唯親的用人方式，就會阻礙企業的前途。

可是，在很多人的印象中，「主管」就是「工頭」，只是代理老闆監督工人的，似乎不需要什麼專業技能。人們的這種印象和早期主管的職能確實有一定的關係。在拉丁語裡，「主管」的詞根是「察看」，最初是泛指手工業的雇主。可是，在此後的幾十年裡，尤其是在產業經濟發展中，主管發揮了獨一無二的作用。他們不僅代替高層管理者行使管理職能，同時也是管理專業化的象徵。

特別是隨著「專業經理人」這個具有代表性的名稱的出

現，主管的專業化更加凸顯。「專業經理人」僅從名稱上就可以看出，其必須具備相當專業度才能擔任。最早的「專業經理人」產生於 19 世紀中葉的美國。當時因為兩列客車相撞，美國人意識到鐵路企業的業主沒有能力管理好這種現代企業，應該選擇有管理才能的人來擔任企業的管理者，於是，世界上第一個經理人 —— 專業貨運規劃人員 —— 誕生了。

專業經理人的能力被認可，為主管提供了許多晉升管理職務的機會。特別是在第二次世界大戰後，隨著經濟復興、各行各業蓬勃發展，主管一職開始從藍領向白領和金領階級轉變。在這個時期，對主管的要求就是專業。

在企業中，不論他們擔任的是財務總監、人事主任還是銷售業務經理，重要的是，都必須具備一定的專業能力。專業就是他們令人佩服的能力，同時也是他們專業化的證明。

這一點，用中國通俗的曹操考華佗的故事可以說明。

曹操聽說華佗醫術十分高明後，想聘請華佗做自己的生活健康顧問。但是，曹操要測試一下華佗是否合格，因此寫了個草藥謎送給華佗。內容是：

胸中荷花兮，西湖秋英。
晴空月明兮，初入其境。
長生不老兮，永世康寧。
老娘獲利兮，警惕家人。
五除三十兮，假滿期臨。

第二章　主管應具備的能力

胸有大略兮，軍師難混。
接骨醫生兮，老實忠誠。
無能缺技兮，藥店關門。

華佗接讀之後，即刻揮筆寫下與之相對應的 16 種草藥：穿心蓮、杭菊、滿天星、生地、萬年青、千年健、益母草、防己、商陸、當歸、遠志、苦參、續斷、厚朴、白朮、沒藥。曹操閱畢讚嘆不已，對華佗的專業能力也佩服不已。

隨著時代的發展，特別是高科技的發展，對主管的專業化也提出了更高的挑戰，主管必須由專才進化為通才。在這種高標準的要求下，2008 年，全球企業 CEO 因為不稱職而被解僱的比例達到前所未有的 65％。而英國管理學會在 2009 年針對 1,000 名主管的一項調查顯示：現任近 3/4 主管，將會在未來 1 年內因不適應管理新變化而被解職。

由此可見，主管這個職務的遊戲規則正在發生改變。在這種情況下，那些僅憑自己特殊的身分背景和某些客觀原因躍升到主管職務的人，不是更應該有戰戰兢兢、如履薄冰般的危機感嗎？如果自己不具備專業化的能力，不僅貽誤自己的大好前途，也會貽誤團隊和企業的發展！因此，那些不合格的主管們要盡快讓自己完成脫胎換骨的轉變。

至於那些精明、幹練、稱職的主管們，也不能高枕無憂地

睡大覺，必須以高品質管理為基礎，方能與企業的發展需要相配合，必須具備與時俱進的專業化能力才不會被時代淘汰！

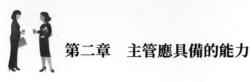

第二章　主管應具備的能力

第三章
人格魅力是主管的法寶

第三章　人格魅力是主管的法寶

　　主管作為領導者，領導員工也不能僅靠自己的地位和權力。要讓員工心服口服、心甘情願做你的追隨者，需要具備一定的人格魅力。

　　人格魅力是一個人對其他人的影響力、吸引力和號召力。這是自身的性格、氣質、修養等各方面的綜合表現。有人格魅力的領導者一定是成功的領導者，因為人格魅力比權威更容易激發人們內心的愛戴。因此，想成為一個真正的領導者，必須以自己的人格魅力去引導追隨者。如果主管自身缺乏人格魅力，將難以吸引員工和凝聚人心，那他就起不到應有的管理作用。因此，主管絕對不可忽視打造自己的人格魅力。

優秀主管都具有人格魅力

　　人格魅力指一個人在性格、氣質、能力、道德品格等方面具有能吸引人的力量。在今天的社會裡如果一個人能受到別人的歡迎、接納，他至少具備一定的人格魅力。

　　那些優秀主管都懂得，他們之所以被上司看重、被員工擁護，就是因為他們自身有獨特的人格魅力。

　　比如某間頂尖科技公司的董事長劉老闆，在公司初創時期，他擔任的也只是一個主管的角色。他的人格魅力表現在胸有大志、有極強的進取心，謙和、從不樹敵。在創業時期，有

一次劉老闆被客戶轟了出來，但是他回到家就安慰自己：「我不跟你一般見識。」

劉老闆不和客戶計較的原因就是胸有大志，要為公司的前景考慮，因此才能忍受這些，從不同的角度來看待這一切。

劉老闆的人格魅力還表現在恪守誠信、說到做到、辦事公正。正是因為他自身具備這些人格魅力，因此員工才心甘情願追隨他，和他一起打拚，把一個小小的公司發展成日後的大集團。劉老闆也從當初的主管坐到了公司金字塔的頂端。

在公司做大後，劉老闆也能以自我管理的方式感召他人，他的人格魅力不僅吸引了內部的員工，連很多局外人也被他的個人魅力吸引。

劉老闆有一個習慣，每個月總會用那麼兩三天強迫自己安靜下來，讀一讀史書，閉門靜思，既深思當下，更暢想未來。這是一種內心的修煉，也是劉老闆寬廣胸懷和從容心態的根源所在。他明白，人格魅力是獲得人心的法寶。正是因為他了解這一點，在從主管中選自己的接班人時便十分注重他們是否有人格魅力。這一點，在他寫給接班人楊先生的信中可以看出。

劉老闆坦誠，自己喜歡有能力的年輕人。但是，除了這一條以外，還希望彼此在感情上也能互相配合，擁有良好的關係。他心目中的年輕領袖一要有德，還有一條就是能真心誠意地對待前任開拓者們，讓創業者換班後從物質到精神都能得

到回報。另外，年輕的領導者還要有一顆對夥伴的大度、寬容心，能虛心地看到別人的長處，反省自己的不足等。因此，劉老闆希望從這個方向去培養接班人。

從這封信中我們可以看到，劉老闆對接班人考核的不僅是其自身能力，更看重他們的人格、品德、處世藝術等，即是否具備個人魅力。

而楊先生之所以能被劉老闆看中，從主管躍升到 CEO，就是因為他自身的性格、氣質、能力等基本上符合劉老闆所要求的標準。而在員工看來，楊先生最重要的特質是很有志向，眼高手不低，認真負責，說到做到，一絲不苟。任何事情，只要被楊先生注意到，他動手去做，幾乎沒有做不成的。另外，他務實低調，做了也不說，這就是楊先生的人格魅力。這一點，不僅上司看好，同事看好，員工也看好。因此，楊先生才從眾多的主管中脫穎而出。

其實，不僅是劉老闆、楊先生這些成功人物，很多企業中的優秀主管，那些企業棟梁也都具備了獨特的人格魅力，或者是熱情無比，或者是處事公正，或者是氣質、形象、風度受到員工喜愛等。這些都是他們獨特的長處。

一般來說，在企業發展的不同階段，需要任用有不同人格魅力的主管。比如，在企業開拓階段，主管要大刀闊斧，敢闖蕩、勇於身先士卒，衝在最前面就能贏得員工的愛戴；在企業

成長階段，主管有創新意識，能帶領員工一步步邁向新的階段，就容易得到老闆和員工的喜愛；在企業穩定階段，主管辦事穩健，處事公平，就能凝聚人心；當企業達到一定規模以後，主管關心員工的成長，自己能看淡榮辱，並且能大度地把舞臺、榮譽和權力讓給年輕人，這也是他們人格魅力的展現。正因為他們具有這些獨特的人格魅力，因此才吸引追隨者和他們一起披荊斬棘。

可見，要做優秀主管，就要在自身人格魅力方面修煉自己，打造出自己獨特的職場魅力品牌，就可以熠熠閃光。

健全的人格才能被員工喜愛

人格魅力離不開健全的人格。健全的人格，是人的天然樣態在社會化後獨特、穩定的行為模式和心理特徵，主要包括：健康的心理、良好的精神、健康的體魄等。這些也是影響人格魅力的重要方面，對成功有不可替代的作用。

健全的人格有利於成功，有缺陷的人格會阻礙發展。比如，有些主管在遇到比自己能力強的下屬時，常常感到一種無形的壓力，如果發現下屬中有人太好出鋒頭，他們會提拔能力比自己低的，而對比自己更有才華的人置之不理。這就是嫉妒心強、缺乏良好心態的表現。還有些主管沒有耐心，暴躁易

第三章　人格魅力是主管的法寶

怒，在這種情緒支配下好高騖遠，因此員工也始終有一種緊張的壓抑感，這也是缺乏良好心態的後果。

在精神狀態方面，有些主管不注意形象，也會影響自己的人格魅力。比如，我們有時會聽到員工議論：「我們的老大完全不夠成熟」或者「整天睡不醒的樣子，看起來像個病懨懨，沒有精神」。如果主管給員工留下這樣的印象，就是沒有良好精神狀態的表現。這樣的人當然談不上人格魅力。

主管是員工的榜樣和表率，也象徵一部分的企業形象，因此，員工和老闆們都希望他們充滿陽光、熱情、幹勁和生機活力。因此，要塑造自己的人格魅力不能忽視心理狀態、精神態度和健康的體魄這三方面。如果有些主管心理健康出現問題，就需要加以調整和改進。

雖然一個人的核心人格很難改變，但性格形成又具有「自動性」和「恆定性」，在一定範圍內是可以調整的。因此，主管要從以下三方面完善自我，塑造自己的健全人格。

▶ 打造自己健康的心理狀態

打造自己健康的心理狀態需要做到：

1. 能保持個性的完整和諧。
2. 充分了解自己，並能對自己的能力適當評估。
3. 生活目標、理想，切合實際，不好高騖遠。

4. 能保持良好的人際關係，合群。

5. 具有從經驗中學習的能力，有創新的能力。

6. 適度的情緒發洩與控制等。

透過以上這些鍛鍊，有助於形成健康的心理。只有具有健康的心理，員工與其相處才會輕鬆自然，不會感到無所適從，也才能為員工打造比較合理的工作環境和空間。

▶ 培養良好的精神態度

不同的精神面貌對人格魅力也可以造成不同的作用。

積極進取的態度可以激勵員工；消極頹廢的態度則會誤導員工。如果主管自己工作不積極，拖拖拉拉，團隊的工作績效就會變得很低。因此主管要隨時注意自己的態度，從外表形象到言行舉止都要建立起精神飽滿、積極進取的形象。

- **充滿熱情**：熱情是指熱烈、積極、主動、友好的表現。有滿腔熱情才會有高度的事業心和責任感，才會奮發有為，勇於擔當。作為主管，不僅要做好自己的工作，還要用熱情去感染、鼓舞和激勵基層員工，帶動整個團隊一起努力。主管有熱情才會感染員工，員工才會有熱愛工作的動力，才會建立更遠大的發展目標，並不懈努力，孜孜矻矻。

- **富有激情**：激情是一種強烈的情感表現形式，具有迅猛、激烈、難以抑制等特點，常能發揮身心的巨大潛力。主管

有激情，員工才有活力，才能充滿創造力，才有超越，才
有奇蹟。

· **帶上你的微笑**：微笑也是充滿熱情的表現。生活中，人們都
有這樣的體會，喜歡笑口常開的人而不喜歡板著面孔、面無
表情的人。微笑能讓人產生寬厚、謙和、平易近人的良好印
象，縮短彼此的距離。既然如此，身為主管就要懂充分利
用微笑這一武器，傳達熱愛工作、熱愛員工的熱情。

如果在開始一天工作的早晨，你微笑著向下屬道一聲早
安，你真摯的笑臉必將使他們感到溫暖。當緊張地忙碌了
一天下班時，你微笑著說一聲：「辛苦了。」下屬也會覺得
你是個體貼的人，對你的好印象就在微笑中形成了。

另外，不論你是男或女，對於初來乍到的人，應該主動跟
對方握手，這也是表達你熱情的方式。

· 恰到好處的著裝打扮：恰到好處的著裝打扮也可以表現自
己朝氣蓬勃的精神狀態，展示領導者的力量，給人明朗的
感覺，使人產生愉悅的心境。因此，主管們也要注意從這
些方面表現自己的人格魅力。

比如，蒙哥馬利元帥以他的「貝雷帽」著名。哪怕是在
戰鬥最激烈之際，他仍然戴著這種軟羊毛小帽，塑造著隨
意、舒適的形象。在激烈的戰鬥中只要見到他，官兵們緊
張的心情就會輕鬆平靜下來。著裝藝術不僅能給人好感，
同時還能反映一個人的修養、氣質與情操。

因此，身為主管，必須注意在不同的工作環境和工作場合中根據自己的特定身分挑選幾套合身的衣服。如果天天穿西裝打領帶，會讓員工產生距離感；天天穿牛仔褲和球鞋，又會讓員工認為你太隨意。而偶爾穿幾次休閒服，則可以增加親切感。

▶ 透過鍛鍊獲得健康的體魄

健康的體魄也是良好精神的表現。雖然有些人的健康體魄是先天遺傳的，但是大家也可以透過後天鍛鍊來獲得健康的體魄。

真誠可以贏得信任

真誠也是人性的一大優點。提到真誠，人們就會聯想到真心誠意、誠實、誠懇等。真心誠意自然值得信賴。人們認為一個人可信，通常是因為這個人本身是一個真誠的人。

的確，作為一個領導者如果表裡不一、言行相悖，就無法贏得跟隨者的尊重。企業中有些主管常常對上一套、對下一套，明裡一套、暗裡一套，整天想怎麼以虛假數據提高自己的業績，怎樣透過欺騙和耍花招來取悅自己的上級，甚至為了達成這一目標而不擇手段。

儘管他們也知道自己的所作所為是不正當的，但是他們認

第三章　人格魅力是主管的法寶

為這些行為沒有人知道。他們自以為很聰明，可是上司和員工都會提防他們。俗話說「路遙知馬力，日久見人心」。主管在企業中需要與上司和下屬長期共事，他們最終總會知道他是否真誠和誠實。如果主管不忠誠，老闆怎敢重用？這樣的主管會帶出一支怎樣的隊伍？在下屬看來，跟著一個不誠實的主管，又總擔心有一天被他出賣。

企業的成功不能靠一個人打拚，需要眾人共同努力。唯有言行一致，人們才能相信這個人的可靠，值得追隨、信賴。這樣的主管，上司才會相信，下屬才會交心，企業才會具有凝聚力。因此，美國著名管理專家史蒂芬・柯維（Stephen Covey）告誡領導者：「誠懇正直可贏得信任，是一筆重要存款。反之，已有的建樹也會因行為不檢點而被抹殺……行為不誠懇，就足以使感情帳戶出現赤字。」

在企業中，員工們可以原諒主管的疏忽甚至粗魯無禮，但是他們卻無法寬恕主管的不誠實。因為在他們看來，主管是自己學習的榜樣，如果主管不真誠，他們會有被欺騙的感覺。相反，如果主管能及時表現自己的真誠，即便他們行為不慎，也能贏得員工的諒解。

馬克曾在工地上擔任監工。一天，他注意到一個搬運工工作磨磨蹭蹭，他很生氣地罵道：「你在做什麼？振作起來，笨蛋！」可是，這名搬運工被他發火咆哮後似乎並沒有什麼變化，只是平靜地回答：「好的，主管。」

　　這讓馬克莫名其妙。他忍不住想衝上去教訓這位員工一頓。當他走近這位員工時，才發現原來他手上有傷，卻為了不耽誤工作堅持著。得知這種情況，馬克走到員工身旁，真誠地說：「抱歉！我剛才不應該發火。我不知道你的手……我馬上送你進市區找醫生看看。」聽到主管這句話，員工驚訝地看著他，這位不可一世的粗魯主管居然會向員工真誠道歉。他笑了一下說：「沒什麼大不了的，做完工作我自己清理一下就可以了。」這件不起眼的小事，卻改變了馬克在員工心目中的印象，這位員工和馬克也建立了融洽的關係。

　　馬克自己更沒有想到，一句坦誠的話語就贏得了員工對自己的信任，改變了自己在員工心目中的形象。

　　這就是真誠待人的效應。雖然並非高深的管理祕訣，卻是能夠贏得員工信任，有效的管理方法。因此，在主管與下屬的溝通中，特別是當主管不明真相錯怪員工時，要及時反省自己、坦誠自己的不足，這樣才可以贏得員工的諒解和信任。

　　真誠不僅要透過語言傳達，而且要透過行動展現。在這方面，成功的企業家和管理者都已經做出了表率。當台塑集團董事長王永慶被問及他創造億萬財富的祕訣時，王永慶答道：「其實我長得也不英俊，並沒有什麼形象上的魅力，我認為最要緊的是以誠待人。」他就是這樣做的。當別人賣米都把陳米放在下面，新米放在上面來矇騙顧客，王永慶送米時卻總是把顧客的缸底打掃乾淨，當著顧客的面把麻袋中的米倒入缸中。當顧

第三章 人格魅力是主管的法寶

客看到麻袋中的米確實都是新米時，他們就被王永慶誠實待人的行為所感動，而紛紛買他的米。

王永慶不但對待顧客誠實守信，對待員工和合作夥伴也是如此。正是在這種經營理念的引導下，王永慶逐漸建立了自己的形象和威信，從一個小小的零售商越做越大，打敗了其他競爭對手，使事業拓展得更加廣闊。

泰國曼谷東方飯店曾先後四次被美國《國際投資人》雜誌評為「世界最佳飯店」。飯店管理的巨大成功與總經理的真誠密不可分。總經理說：「你要往下屬的感情帳戶裡投資誠懇和正直，你只要感動了下屬，他們一定會給你最好的回報。」正因為總經理對待員工真誠、誠懇，因此員工也以自己的誠實和誠懇來回報他，上下齊心協力，企業發展才取得了可喜的業績。

由此可見，以誠待人才能贏得人們的支持和幫助，在與員工的相處中，主管要發自內心地時時表現自己的真誠。即便在平時與員工的相處中，如果你能用一雙充滿善意的目光和員工交流，也很容易拉近彼此的距離，讓對方感受你關心和注視中的真誠。

真誠能贏得信任，真誠能換來以心交心，這樣主管就形成了自己的影響力，員工和這樣的主管相處也會感到輕鬆無比，在相互坦誠的氛圍中形成一支如大家庭一般溫暖和諧的團隊。

仁愛可以贏得愛戴

在企業管理中，有些主管認為自己大小也是個「官」，既然是官，就是管員工的，習慣透過命令來表現其權威，或者以勢壓人，或者高高在上、頤指氣使。

主管雖然是行使管理職能的，但同時也要為員工服務，員工也是內部客戶，因此應該多花精力關心下屬的感情和生活，讓他們感受到主管的關懷。這樣並不會降低主管在員工心目中的位置，反而可以贏得他們的愛戴。相反，不關心下屬，下屬就會不滿，導致團隊缺少凝聚力。因此，成功的管理者都懂得運用關愛彰顯自己的人格魅力，打造自己的影響力。

泰國曼谷東方飯店的總經理庫特先生（Kurt Wachtveitl）除了以行之有效的措施管理飯店之外，他的祕訣之一是關愛員工。他倡導「大家辦飯店」，把每一位員工都當成大家庭的一員來看待，給予無比的關愛。不論是當主管，還是當總經理，他都從不擺架子，對員工總是和藹可親。無論哪個員工有了困難或疑問，都可以直接找他面談。另外，他還很注重細節，使下屬在不經意間感受到他的溫暖。比如，為了聯絡員工的感情，庫特先生經常為員工及其家屬舉辦各種活動，如生日舞會、運動會、佛教儀式等。這些活動無形中縮小了部門之間、上下級之間的距離，提高員工的積極度、相互之間的融洽關係，也推動飯店工作的改進。

第三章　人格魅力是主管的法寶

正是由於員工感受到了來自總經理的關愛，因此在東方飯店，從看門人到出納員，全體員工都心情舒暢，對辦好飯店，他們都有發自內心的榮譽感。因為總經理的關愛讓他們感到溫暖，打動了他們，所以他們才心甘情願地追隨他。

由此可見，作為一位管理者，學會愛比什麼都重要。懂得愛人才能更好地從事管理工作，才可能成為優秀的領導者。因此，美國的管理課程甚至會花費一半的時間來教會領導者如何愛員工。在他們看來，連愛員工都做不到的人不可能成為優秀的管理者。

事實也的確是這樣，不論在歷史上還是在現實中，那些優秀人物被人們交口稱讚就是因為他們有一顆愛心。擁有愛心才是最令人感動的，也是人們心甘情願追隨他們的原因。

在美國南北戰爭中的名將李將軍（Robert Edward Lee），就是這樣一位富有愛心的領導人物。內戰期間有一場極為慘烈的戰役，勇猛的將士們在戰場上失去了寶貴的生命。李將軍看到這一切，一言不發地巡視著隊伍，眼裡含著淚水，然後慢慢脫下帽子默默走過士兵身邊。

一位倖存的士兵回想起當時李將軍的表情時說：「那是最令人動容和感動的一刻。」透過這個舉動，士兵們看到了將軍對他們的關愛之情。士兵們被他的情感打動了。他們認為有這麼一位關愛自己的將領，犧牲生命也在所不惜。於是大家奮不顧身地衝鋒陷陣，最終取得了勝利。

　　由此可見，關心才能贏得愛戴。正是李將軍表現出充滿愛心的人格魅力，讓下屬從內心深處產生聽從於他、追隨於他的想法。

　　企業管理中，主管的目標就是率領團隊完成工作。「帶人如帶兵，帶兵要帶心」。只有真正關心下屬，才能贏得下屬對自己的充分信任和忠誠，員工才能高效率、高品質地完成工作。

　　需要注意的是，對員工的關心應是發自內心的，不是玩弄權術的關懷。有些主管認為自己對下屬有加薪、晉升等「生殺大權」，因此當下屬有求於自己，或者自己想達到什麼目的時，就施以一些小恩小惠來表明自己對下屬的關心。這樣做並不能贏得他們長久的信任和追隨。這樣的管理者就是誤解了關愛的意義。

　　關心下屬也不是對下屬有求必應。下屬的需求各式各樣，有的和企業的目標一致，有的卻與企業的目標背道而馳。作為主管，你只能盡量滿足下屬與企業目標一致的需求，對不合理的需求要勇於拒絕。否則到頭來既害了下屬，也會害了自己。

　　另外，關愛下屬不僅要關心他們的生活感情、情緒變化，也需要關注他們的職涯發展和職場能力的提高。這些才是員工最需要關心的。

　　在實際工作中，管理的最高境界就是靠人格魅力的影響力去引導下屬，而不是靠權力壓制下屬。而愛心可以彰顯自己的人格魅力。因此，要達到這樣的目的，首先要學會愛，會愛人才能贏得人心，才有資格管理，才能使下屬自願追隨自己，成為優秀的領導者。

第三章　人格魅力是主管的法寶

大氣最可貴

　　要做一名合格的主管，必須做到氣量大、胸懷大，能愛人、容人、助人。這樣才能顧全大局，才能處理好各方面的人際關係，贏得人們的信賴和擁戴。

　　擁有大氣度，也就是戒除妒忌、怨恨之心，對人能容忍、寬恕，不計得失。

　　王永慶在創業早期，曾經有一位合作夥伴向他借了幾根金條，但是歸還時卻少還了一根。家人極力勸王永慶要回這根金條，可是他沒有這樣做，他說也許是人家生意忙疏忽了，不用擔心，即便不歸還也沒什麼。很長一段時間後，這個借錢的人拿著一根金條來還，王永慶說：「如果你急著用，可以先不還。」來人對王永慶的大度十分感動。就這樣，王永慶大度的口碑傳出去了，他的人格魅力也透過這件小事廣為傳播。很多人願意和他成為合作夥伴。

　　大度的另一表現就是寬容。當同事和下屬犯了一些無關底線的錯誤時能夠原諒他們。這樣也容易為自己贏得好的口碑。

　　小尚是財務科長，一次和資深員工一起出差，回來的路上員工不慎把手提包丟失了，裡面還有其他客戶的催款收據。回到公司後，資深員工向經理彙報完工作便很「明智」地先走了。可是小尚沒有埋怨這位老員工，他將丟失收據手提包的責任承擔了下來。

　　經理聽完小尚的彙報，得知細心的小尚保留了一份影印檔後，順手將身邊客戶送他的手提包送給小尚。小尚沒有獨享，轉而送給了那位資深員工。他深知，在這次工作中，如果沒有資深員工的幫助，肯定難以進展得這麼順利。而對於收據丟失的事情，小尚也沒有再提。後來，老員工知道這一切後，小尚的寬容讓他感到萬分慚愧。

　　在後來的工作中，資深員工對小尚不再看不順眼，而是開始主動協助小尚。其他同事也被小尚的人格魅力所折服。在大家的幫助下，小尚的業績迅速提高，五年後，順利地升為財務總監。就這樣，小尚在寬容別人的同時，也為自己的前途鋪平了道路。

　　主管作為領導者，對待同事，要表現得大度一點。如果自己大度一點，和同事關係就會更加融洽，就能在同事和上司的心目中留下好印象。

　　至於對下屬，特別是對待犯錯的下屬，更要用一顆寬容的心來包容他們。因為人都有犯錯的時候，沒有缺點的聖人根本就不存在。有些人的錯誤甚至只是一念之差，無法抵禦外在環境的引誘。在這種情況下，如果管理者沒有容人之量，很難組成能團結戰鬥的組合，也很難調動一切可以調動的優勢。

　　因此，不論是對於那些不公正的傷害，還是對於同事和下屬輕微的錯誤，都可以更寬容地對待。如果能做到討厭我的人我可以喜歡他；疏遠我的人我可以親近他；詆毀我的人我可以

讚美他；輕視我的人我可以尊重他；傷害我的人我可以愛護他；背叛我的人我可以忠誠他；懷疑我的人我可以信任他……不僅能包容人，還能感化人；不僅能引導人，還能成就人。那麼，在寬容別人的時候，也使自己獲得更多。

出色的領袖氣質可以感召下屬

　　成功擔任領導者角色的人都有一種領袖氣質。有些主管並沒有意識到這件事。在他們看來，領導和管理都是一樣的。其實，「領導」與「管理」有根本性的不同。管理以事為導向，管理者就是負責使某項工作順利進行；而領導者則以人為導向，領導者率領並引導大家朝著一定方向前進，是對人的行為施加影響。

　　對此，創立香港最大企業長江集團的李嘉誠說過：當團隊的老闆還是團隊的領袖，這是不一樣的。做老闆簡單得多，你的權力主要來自你的地位，而地位可來自上天的眷顧，也可憑藉後天的努力和專業的知識。而且，做老闆也許只懂支配眾人，可是做領袖要領導眾人，促使別人甘心快樂自發工作。

　　主管雖然不是高層領導者，可是也需要領導員工，因此，也需要打造這種領袖氣質。在這方面，可以向那些具備領袖氣質的人學習。凡是具備領袖氣質的人，都有以下這些較為明顯的人格魅力：

- **志向遠大**：中外歷史上那些偉大的領袖都是志向遠大的人。他們的目標是為人類文明、商業進步、社會和諧發展承擔責任、奉獻價值，並且發揮影響力。正是因為他們志向遠大，超越了平庸之輩，表現出自己的長遠目光，同時也為那些跟隨他們的人指明奮鬥的方向，也因此為自己贏得更多追隨者。

  主管雖然只負責一個部門，但是也需要目光遠大，要從企業發展的角度長遠考慮，不能一葉障目，見樹不見林。

- **自信力**：凡是領袖人物都是高度自信的人。即便遇到困難，也會給予人們成功的力量，鼓舞周圍的人，協助他們朝理想、目標和成就邁進。

  同樣的道理，主管有自信力，員工才有工作動力，才能激發熱情促進企業發展。因此主管要讓自己保持積極的心態，對生活充滿熱忱，充滿自信。如果能夠鼓勵下屬談談他的個人奮鬥史或成功的故事，也會鼓舞起大家的鬥志。

- **親和力**：下屬都希望自己的領導者是一個寬厚的人，而不希望主管每天鐵青著臉，動不動就對自己批評責罵。多數領導者都懂得在下屬面前建立仁義寬厚的形象，這也是厚德得人心的真諦所在。

  主管有親和力，員工不僅會感到溫暖，而且還會視他為朋友，並因此感到心情愉快。工作效率自然會提升。

第三章　人格魅力是主管的法寶

- **影響力**：優秀的領導者都是能影響別人，使別人追隨自己的人。他們善於發揮自身的影響力，使別人一同參與，跟他一起努力。

  要形成自己的影響力可以多參加社會活動，與他人多多來往，讓自己接觸形形色色的人。

- **奉獻精神**：如果一個企業富有奉獻精神，那是因為領導者的精神崇高。因此要打造一支具有崇高精神的團隊，主管也同樣需要奉獻精神。為了企業的利益，必要時犧牲自己或部門的利益。在工作緊繃，或者企業遇到危機的關鍵時刻，也需要發揮無私奉獻的精神，和企業共度難關。

- **洞察力**：領導者要擁有一對洞見未來的眼睛，一雙引起變化並能控制變化的手，一對能聽到不同聲音的耳朵，這樣才能保證團隊向正確的方向前進。

　　要具備以上這些人格魅力，需要在平時有意識地培養和鍛鍊自己。可以博覽群書，借鑑他人的經驗；也可以在工作中鍛鍊自己的判斷能力和預測能力。

　　總之，只有經過平時一步一步累積起來的偉大，才能使領袖具有真正的領袖精神和品格，由此迸發出的氣質才能真正彰顯別樣的領袖風采，並快速從管理者轉變成領導者，早日成為一個稱職的經理人。

第四章
建立不可動搖的威信

第四章　建立不可動搖的威信

　　世界上任何人都會影響別人和受別人影響。在職場上，影響別人的行為謂之領導；影響別人行為的能力，則謂之領導力。

　　管理員工、領導員工靠什麼？主管靠著自身的人格魅力，固然能得到員工的喜愛，凝聚人心，可是要管理好員工無法僅靠人格魅力。因為員工之間總有個體差異，有時候，僅憑自身人格魅力的影響和號召難以服眾。此時，就需要主管建立自己的威信，顯示出自己威嚴、令人信賴佩服的一面。

　　威信是「無言的召喚，無聲的命令」。主管有威信，員工才能紀律嚴明、事事服從，工作才能徹底執行。然而，威信既不能向上級要，又不能靠別人給，必須靠自己去贏得。因此，主管要懂得如何建立自己不可動搖的威信。

威信是做主管的必要條件

　　威信就是威儀、名望和信譽，「威」是能力的象徵，對於主管來說像一面旗幟；「信」就是主管本人辦事講求誠信，從而使員工對其產生信任。

　　一個領導者想要充分發揮自己的領導才能，身上的威信是關鍵因素。主管有威信才能管理到位、執行到位。如果主管沒有威信，上司交代的工作就無法完成，甚至被員工當軟柿子捏，這種現象也很常見。

在街頭藝人的雜耍中，常常可見耍猴人被群猴所欺。中國歷史上也常有大臣弄權，要皇帝「一邊涼快去」的現象，比如，明朝太監劉瑾就明目張膽地對皇帝說：「你就安安分分待在皇宮裡吧，外面的朝政我會幫你處理。」三國中的曹操之所以能「挾天子以令諸侯」，也是因為漢獻帝本身缺乏威信，因此只能任曹操擺布。

在現代企業的管理中，雖然主管和員工之間的關係不是主人和群猴之間的關係，更不像古代皇帝和大臣之間的關係，但是，管理和被管理、領導和被領導的關係沒有變。如果主管沒有威信，任員工擺布支使，就顛倒了主管的角色。

員工之間本就各具不同的特質。有些員工自我管理能力差，如果他們中有人充當意見領袖，率先「揭竿而起」，其他員工就會一呼百應地響應。因為主管和員工之間本來就存有利益衝突，主管代表老闆行使職責，不可能凡事都站在員工的立場上。

員工很容易在心中把主管放在他的對立面。此時，如果主管本身沒有什麼威信，員工怎能心甘情願聽從指揮？因此，威信是做主管的必要條件。特別是一些新上任的主管更需要及時在員工面前建立自己的威信，否則時間一長，員工看到你始終沒有什麼厲害的招數，就會像頑皮搗蛋的學生一樣不服管教了。

在這方面，女強人阿珠就很有一套。她上任行銷主管後馬上發布嚴厲的措施，第一手就是讓經銷商先付款後取貨，凡拖

欠貨款的經銷商一律停止送貨，補足款項後再把貨送過去。這下觸犯了眾怒。大大小小的經銷商紛紛向總經理告狀，老闆也擔心企業利益受影響而替經銷商說情，可是阿珠毫不動搖。

她說：「就算別人都妥協，我偏不。即使撞牆撞到頭破血流，我也能多撞幾次，只求把這堵牆撞倒。」於是她打破了當地空調業界「貨到付款」的潛規則，創造貨款回收率高達百分之百的奇蹟。

阿珠的第二手是對犯錯的員工絕不心軟。上任之初，行銷部很多人都是因為跟上級關係良好而送過來的，連上級的副手也沒有懲戒他們的權力。阿珠位置的前任主管八面玲瓏誰也不得罪，結果在管理上總是不能得心應手。阿珠上任後決心扭轉這個局面。

此時有位員工手頭出現多達五百萬元的貨帳不符。這個人和總裁關係密切，但阿珠依然決定對他罰款，另外又扣除他的薪資，而且全公司通報。這下捅了馬蜂窩，總裁替他說情，人力資源主管勸阻，可是阿珠主意已定，說自己從上班第一天起就是為了拚事業，她是來履行自己職責，而不是為了八面討好才上班的。結果大家都知道了她的厲害，部門秩序迅速重整。

經過這兩手重拳出擊，阿珠建立了自己的威信。不僅讓經銷商無懈可擊，甘願服從，也贏得了上司和員工的敬佩之情。

阿珠做主管的成功之道給我們的啟示是：新官上任，必須

要建立起威信，令人刮目相看。這不是從締造個人形象和地位方面考慮，而是企業管理、主管職責的需要。

在企業管理中，主管既是安全生產的「指揮官」，又是直接投入生產前線的「戰鬥員」，可謂「兵頭將尾」。要帶領基層員工，落實企業的各項規章制度，必須牢固建立自己的威信，這樣才能達到以自己手中的權力管理企業基礎的目的。建立自己的威信，主管才能具備領導力和影響力。

用權力和權力以外的方式建立自己的威信

既然威信在做主管的過程中如此重要，那麼，怎樣才能建立自己的威信呢？很多主管對此感到困惑，因而對那些很有威信的管理者佩服得五體投地。看他們管理員工那麼輕鬆，只要一開口，下面的人便立即噤聲，垂首聆聽，不必一再重複，也無須多言，更用不著動怒。這些人不怒自威的管理藝術是怎樣練就的？

其實，要建立自己的威信需要用權力和非權力的方式。

▶ 運用權力的方式

立威最直接而有效的方法就是借助權力的作用。上級既然賦予你主管的權力，就是要你運用，如果不懂得運用手中的權力來管理員工，就是失職。如果不懂得運用手中的權力，命令

就不會有人服從。

　　主管要建立自己的威信千萬不要忘記藉用上司賦予自己的權力，這就像尚方寶劍一樣重要。

　　運用權力，需要防止的盲點就是濫用權力，動輒訓斥、呵責員工，以彰顯自己的領導地位。

▶ 運用非權力的方式

　　主管要建立自己的威信除了運用權力外，還可以運用非權力的方式。因為主管雖然掌握著一定的權力，但權力並不是利劍。把權力當成利劍，動不動就想顯示一下這把劍的威力，其結果是嚇住一兩個人，卻鎮不住一大片人。而且依靠手中權力所形成的威信，對員工的心理及行為的影響畢竟相當短暫。如果主管本身沒有令人信服的能力和品德，是無法從根本上建立威信的。

　　主管的威信是部門員工對其品德、知識、才能和工作能力客觀評價後的結果，儘管表面上這些非權力因素沒有合法權利所賦予的那種正式的、明顯的約束力，但它們不僅具有權力的性質，而且往往能引起合法權利所不能達到的感化作用。因此，聰明的領導者在意自己的權力，但他們懂得權力有時候只是擺設，一般是很少使用的，他們懂得運用非權力的方式來贏得名聲。他們知道，有好名聲才有好威信。

　　非權力的方式主要包括以下幾種：

- **品德**：品德是決定主管威信高低的根本因素。如果主管品德高尚、正直公道、言行一致、以身作則、平易近人，就能形成一種無形、巨大的道德力量。員工就會產生敬佩之情，進而模仿。

- **才能**：才能是決定其威信高低的重要因素，才能不僅僅反映在主管能否勝任自己的工作上，更重要的是反映在帶領員工工作的過程中能否卓有成效。如果主管有德無才或德高才低，缺乏魄力，工作平庸，也無法得到員工的認可。

- **感情**：感情是人對客觀事物和人好惡傾向的內在心理反應。如果員工從感情上認可主管，對他就會服從；如果員工從內心深處就不認可，即便主管再有才能也無法服眾。因此，感情也是影響威信的一方面。

當然，以上這些非權力因素的形成不僅與主管先天的性格有關係，更為重要的是與日常管理工作相關。比如，知識和才能就需要透過在日常管理工作中逐漸形成。畢竟沒有人天生適合當領導者。因此，要利用非權力的要素建立威信，主管就要提升自己的綜合能力，學習他人的經驗和知識。知識是才能的基礎和前提，只有具備一定的能力和知識才能開拓工作新局面。因此，主管不僅需要專業知識能力，還需要知識面廣、博學多才，與不同程度的員工都能溝通無礙，及時解決他們中出現的問題。

另外，在工作中主管要注意和員工建立感情，尊重他們、理解他們、關心他們，縮短彼此的心理距離；解決好他們思想、心理諸方面出現的問題。與員工關係融洽，影響力往往就比較大，威信就比較高，這樣員工的行為才會朝著主管期望的方向健康發展。

　　總之，建立自己的威信需要運用權力和非權力的因素，兩者缺一不可。如果主管能夠表現這兩方面的優點，就可以贏得員工的信賴和佩服。

嚴生威，主管不能心太軟

　　威信當然離不開威，雖然有威嚴並不等於有威信，可是沒有威嚴也就談不上威信了。

　　有些主管在和員工朝夕相處的過程培養出了感情，因此在員工犯錯時總是千方百計為員工開脫。如果要他們處罰員工，更難別開生面，因為他們心太軟，擔心如果按章辦事，會流失員工的喜愛。於是便出現了老好人式的主管，他們誰都不得罪，上下充好人。其實，這只是一廂情願。員工犯錯必然會使部門和企業的利益受到影響，主管不懲罰，怎麼向老闆交代？如果聽之任之，規章制度就會流於形式。而且對於犯錯的員工也沒有教育作用，縱容和默認的結果只會讓其進步不得。

　　有句話叫「沒有規矩，不成方圓」，對於企業來說，想要更快、更徹底地擴大規模，就必須流程化、規範化、制度化，透過各種規章制度確保企業健康、穩定、長期發展。主管是保障規章制度執行的人，如果主管只想當和事佬，處事不公，其他員工也不會再把他放在眼裡。如此一來，主管的威信何在？企業又怎能穩定有序地運行？因此，那些深諳管理之道的主管都明白要建立自己的威信，就離不開嚴格、嚴厲，甚至嚴懲，以此顯示自己威嚴不可侵犯的一面。

　　英國一家大公司日常報銷開支數目驚人，於是總經理聘請了一位面孔冷酷、資歷豐富的會計師，並告訴所有員工：「他是公司專門請來審核所有的報銷費用帳簿的，直接對我負責，任何被他揭發報假帳的員工都會被我開除。」

　　結果，會計師冷酷無情的面孔嚇住各部門主管。每天早晨，主管們把一大疊各部門的費用帳簿擺在會計師的辦公桌上。到了晚上，又把這些帳簿拿走。在會計師到任的一個月內，奇蹟出現了，公司費用開支降低到原來的 80%。

　　其實，這位被請來的會計師根本未曾翻閱過那些帳簿，總經理只是利用他威嚴的形象鎮住主管們。

　　要表現自己的威嚴，既可以用形象也可以用行為。令出必行，要下屬無條件服從就是威嚴的表現。

　　孫武帶兵打仗時，命令未下，一名勇敢的士兵已經衝出陣

第四章　建立不可動搖的威信

地，砍下對方首領的腦袋。孫武沒有表彰這位士兵的英勇，卻下令將他斬首。士兵們不明白這是為什麼，孫武的解釋是：這名士兵不遵守紀律。

就像運動員起跑一樣，裁判的哨音未響而提前起跑，那就犯規了。

商場如戰場，主管作為部門的指揮官也要做到軍令如山，令出必行，要勇於向不服從的員工「開刀」，這樣才能顯示出自己的威嚴來。

威嚴的另一表現就是賞罰分明。主管擔任檢核員工的角色，如同員工的裁判，如果看到員工犯規還不舉牌罰下，比賽豈不亂套？其他員工又怎能心服口服？

有些時候下屬也會出現好心辦壞事的情況。如果事情後果嚴重，同樣也不可饒恕。

明朝朱元璋即位後，全京城到處出現「招湯皇榜」的告示，到處尋找朱元璋思念的一碗珍珠翡翠白玉湯。這天，大臣胡惟庸手裡也拿著一張剛揭下來的皇榜站在臺階下。朱元璋見狀大罵成何體統！叫他們去查一查，一定要嚴辦肇事者。此時，李善長回答說：「出此下策者必是皇上身邊的人，他也是一番好意，不去追究也罷。」

誰知朱元璋不依不饒。「不行！」朱元璋斬釘截鐵地說，「此事絕不息事寧人，要一查到底，即使不是惡意，也有惡果；

這是陷天子於不義，讓天下人恥笑當今皇上朱元璋不為求賢、求治國良方、退敵良策而出榜，卻為了一碗珍珠翡翠白玉湯？這哪裡是為皇上好！」

眾大臣一看朱元璋動怒了，急忙命令手下去查辦。

本來發生這種事情，不過是下屬要拍朱元璋的馬屁。可是，即便是這樣的一派好意，朱元璋也不允許，他看到的是這樣做會引起民怨沸騰，影響自己在百姓心目中的形象。可是，假如換了那些心太軟的老好人式的主管，能嚴厲查處那些拍自己馬屁的下屬嗎？恐怕不一定。這樣做看起來是寬容下屬，殊不知是在敗壞自己的形象。形象受到玷汙，自然更談不上威信了。

當然，嚴厲並不等於「嚴酷」，讓員工感到膽顫心驚。即便是對待犯錯的員工，也要引導他們認知自己的錯誤，學習較為妥善的處理辦法。因為「教訓」員工的目的，是幫助他們改正、預防錯誤，對於員工的錯誤也要分別錯誤類型，依類施治。而不是單純為表現自己的威嚴，追求員工的服從，就對他們無限上綱、一竿子打翻一船人。

同樣的錯誤只犯一次，是經驗問題；同樣的錯誤犯兩次以上，是能力問題；不管犯什麼錯，目的是為有利於自己，那就是品行問題。

如果員工是因經驗不足而犯錯，應盡量開導，並加以教育，讓他們能夠按照流程標準操作，避免下一次錯誤。如果員

第四章　建立不可動搖的威信

工是因為能力不足而犯的錯誤，要幫助他們快速加強技能，並且要將能力不足與在業績上引起的負面影響連結，從而促使他們自主自發地提升技能，以達成企業的目標。如果員工是因為品行不足而犯的錯誤，比如挪用公款、貪汙等，對於此類錯誤千萬不可姑息，初犯可以限期改正，不思悔改就要採取法律手段制裁。處理要果斷，但方法要委婉，盡量不要給自己埋下隱患。

主管在教育下屬，幫助犯錯員工改正的過程中，不能因為心軟就睜一隻眼閉一隻眼、含糊應對。要分類處理，透過寬嚴相濟，原則與靈活相結合的手段，採取合理的措施。只有這樣，才能建立自己的威信，打造出一支經得起考驗的隊伍，讓團隊在激烈的市場角逐中立於不敗之地。

當然，每個人都是有自尊心的。有些心思敏感的下屬本來就擔心自己犯錯後上司以異樣的目光看待自己，此時如果光是嚴厲斥責，就會打擊他們的自尊心和自信心，因此還需要適當鼓勵一下，鼓勵他們客觀看待自身的價值，正確看待自己的錯誤，重新激起他們工作的熱情。從主管的職責來看，這樣做也是為了幫助下屬成長。

對此，經營之神松下幸之助說：「上司要建立起威嚴，才能讓部屬行事謹慎。當然，平常還應以溫和的方式引導部屬自動自發地做事。」

當部屬犯錯的時候，立即嚴厲糾正，絕不敷衍了事，這樣做可以讓部屬敬服。而以溫和的方式引導他們認錯，幫助他們改過，引導他們走向正確的路，部屬就會感到上司是真心關心自己，內心深處就會萌生感激之情，從而更加熱愛和尊敬上司，主管的威信就建立起來了。

身先士卒，員工才能佩服

對於一個管理者而言，帶好團隊的第一個要素就是讓團隊成員認同你。而要做到這一點，沒有捷徑可走，只有靠自己在工作中做出的成績以及個人表現的品德、能力和人格。其中以身作則、身先士卒是最有說服力的。

《彼得‧杜拉克的管理聖經》中提到，領導力是「以身作則，讓別人願意為大家共同的願景努力奮鬥的藝術。」在戰場上，指揮官們都會高舉手槍或者大刀高喊「跟我來」，這就是以身作則。

不僅在戰場上，在職場上也同樣需要這種身先士卒的精神。主管能站在眾人之前跨出第一步，領導大家向目標邁進，就是能力的證明。這樣的主管才能夠真正地服眾。

然而許多員工在晉升為主管之後，往往不明白伴隨著職位而來的是更沉重的責任，更需要表現自己的優秀之處，喊破嗓

第四章　建立不可動搖的威信

子不如做出樣子。史瓦茲·柯夫將軍說：「下令要部下上戰場算不得英雄，身先士卒上戰場才是英雄好漢。」主管大多時間都在基層工作，要明白自己不是觀戰的人，不能把自己置於作戰部隊之外，而是要帶兵打仗，把自己放在陣前大將的位置上。因此，更需要把 70％以上的時間用來腳踏實地地做事，在以身作則的示範中建立自己的威信。這樣的威信才可以服眾、可以經受長期考驗。光說不練難以服人，長此以往只會加劇和下屬之間的衝突，最終使部門分崩離析。

高明的領導者都懂得身先士卒，成為員工的榜樣，傳遞他們對工作的熱情。鴻海集團執行長郭台銘就是以身先士卒、以身作則的管理風格讓員工心服口服的。

幾十年前，鴻海生產黑白電視的旋轉開關，剛引進連接器沖壓技術時，郭台銘每天都到工廠，親自帶領同仁一起磨練技術。6 個月後，就將鴻海的沖壓技術提升到國際水準。在 SARS 猖獗的時期，郭台銘仍堅持飛去疫情最嚴重的深圳龍華基地，他就是要告訴所有鴻海人，哪裡最危險，他就在哪裡。

郭台銘這種身先士卒的精神大大鼓舞了員工的工作熱情和幹勁。這就是榜樣的力量。榜樣的力量是無聲的，卻比任何豪言壯語都更能說服眾人。如果主管能夠像郭台銘一樣身先士卒、勇挑重擔，為員工解決棘手問題，當然能夠贏得員工的敬愛和佩服。

　　雖然新時代員工的想法、價值觀和興趣都發生了巨大變化，對領導者的評估標準有了很大改變，可是在他們看來，領導者身先士卒仍然最有說服力。高明的領導者懂得：若要部屬努力工作，自己必須更努力。要激發團隊的鬥志，身先士卒是最簡單的方法。

　　身先士卒不僅是能力的證明，也是品德的證明。作為領導者，應成為下屬的行為楷模，凡要求下屬做到的，自己先做到，凡要求下屬不做的，自己絕不做。無論在大事上還是小節上，都要身先士卒，吃苦在前，享受在後，為下屬建立榜樣。很多時候，人們習慣見困難就躲避逃跑，見利益就爭執搶奪。在利益面前，如果主管能夠為員工考慮，率先迴避、禮讓，也會讓員工敬佩的。

　　有個小型企業，主管大熱天的放著寬大的辦公室不用、放著冷氣不開，自己在一間不到兩坪的辦公室辦公，只開著一個小小風扇。但是他卻讓員工用寬大明亮的辦公室，冷氣等設備一應俱全。

　　新來的員工們沒有去過主管的辦公室，以為他的辦公室很寬大舒服，因為主管工作身先士卒，每次都是他率先完成任務。一次開會時新員工們走進主管的辦公室，沒想到看到主管辦公設備如此簡陋，內心升起一股既內疚又佩服的感情。他們感到主管確實是先工作、後享受的模範，以後不需要督促，人

人自動自發努力地工作，而這只是因為他們感到自己一旦工作散漫就對不起主管。

　　這位主管為什麼這樣做，是因為老闆的命令嗎？不是。是他自己要作秀，自找苦吃嗎？也不是。只因為在他的心目中，員工的利益高於一切，這就是他禮遇員工、身先士卒的原因。

　　以身作則不僅表現在克服困難、迴避享受上，也表現在平時的工作細節中。不論大事小事，主管能夠以身作則，這不僅能夠建立起主管的威信，也是光榮傳統，是寶貴的精神財富。員工在這樣的精神感召下，也會改變自身的一些缺陷，提升自己的能力和素質。這樣的主管就造成了領導者的模範帶頭作用。

能力出眾更能服眾

　　新上任或者即將被分配到其他部門的主管往往有這樣的感慨：「職務每一次調整，開頭常常覺得力不從心，總擔心難以服眾。」的確，如果人們不認可自己的能力，又沒有威信，工作就無法順利進行。而「服眾」與否，則取決於「出眾」的程度如何。唯有在學識、能力、品行等方面出眾，才能贏得眾人的理解、信任和支持。

　　如果說品行、修養等這些內在的東西無法讓人一眼看見的話，能力、技藝卻是可以耳聞目睹，很快產生效果的。因此，

那些具有專業能力的主管不妨以此建立自己的威信。

　　各行各業都有自己的技藝。儘管身處上位，也不可能什麼都懂、什麼都會，但如果沒有自己的專長，僅僅什麼都略知皮毛，「樣樣通、樣樣鬆」，是難以立住腳的。

　　主管應有自己的專業能力。這一點，對於主管來說應該不成問題。主管大多是從員工中提拔的，早在當員工時就練就了令人佩服的技藝。只不過到新的位置，員工對自己不一定足夠了解，因此就要掌握適當的機會露一手。

　　上司提拔人當主管，一是看重這些人的管理能力，二是看重他們出色的專業能力，不僅可以提攜後輩，幫助團隊成員提高水準，而且也可以讓員工們眼見為實，提升主管的威望。

　　另外，這也是評試主管工作能力和價值的關鍵，作為一個員工，只需要將主管交代的任務圓滿完成，就稱得上一個好員工，而主管則不然。主管必須從公司成長的角度出發，為部門擬定策略方向，制訂目標，確保任務穩定進行。尤其在員工遇到棘手問題時，如果主管能出面解決，員工就會對其刮目相看，增強戰勝困難的決心和勇氣。

　　有家機車零件廠，曾經只是一個生產機車把手底座的小廠。但這家公司研發的產品具有獨特之處，表面防腐效果超過日本廠商的標準，在機車製造業大受歡迎，取代了原本從日本進口的零件。這是為什麼？就是因為他們在產品技術上獨樹一

格，因此短短幾年產值就一漲再漲，後來規模與效益較早期擴大了十多倍。

做主管也是一樣，需要做個行家，對上級的「指定動作」做得出色，對現場的「自選動作」做出特色，別人束手無策的難題，他們能夠知難而上、迎刃而解，自然會服眾。否則，一個問題百出、解決問題的能力連普通員工都不如的人，怎麼有資格領導員工？

當然，能力來自經驗的累積，也來自實踐的錘煉。每個部門都會遇到新情況、新挑戰，任何經驗和能力也有階段性、時效性，因此千萬不能對自己的專業能力過於自信，要時時補充、即時更新，不斷學習，與時俱進，這樣才能讓自己的專業知識跟上時代的步伐。

處事公正自然令人敬仰

據一項調查表明，有 70％以上的員工認為，稱職的主管應該堅守原則，是非分明公平公正。

有些主管對此不以為然，他們認為，威信就是八面玲瓏、到哪都吃得開，於是放棄原則、賞罰不公。或者任人唯親，或者靠施予某些有後臺的員工小恩小惠取得暫時的支持。這絕不是建立威信的有益方式。

　　作為主管，不論高階還是中階，都要領會公正無私的內涵。員工心中有天秤，不平則傾，雖然老闆賦予了你主管的權力，可是權力的行使也要得到員工的擁護。唯有在員工面前建立公正無私的形象，才能更好地獲得威信，提升自己的感召力，贏得員工的擁護。這種歸屬和接受不是強制性的，而是由衷、自覺、心甘情願的。

　　要做到處事公平，必須專注於品格修養，心存「正」字。要思想純正，沒有私心；品行端正，不走歪門邪道；處事公正，不分親疏厚薄。尤其在分配工作、事關下屬切身利益時，必須公平，那樣名望就會建立起來。

　　明初，李善長任丞相令朱元璋很不滿意，曾多次責備，並流露出起用劉基的意向。可是劉基卻對朱元璋說：「更換丞相猶如更換房柱，必須用大木。像我這樣的細木條如果被起用，房子頃刻就會倒塌。」

　　不久，李善長罷相，朱元璋準備任楊憲為相，於是又徵求劉基的意見。因為楊憲與劉基過從甚密，朱元璋想這次劉基肯定會支持他。不料，劉基這次又持反對意見，理由是楊憲這個人行事難以公平、以義理為評判是非的標準。朱元璋又問汪廣洋如何？劉基說：「這個人器量狹小淺薄，比楊憲有過之而無不及。」朱元璋又問胡惟庸怎樣，劉基說：「猶如一匹駕車的馬，我擔心他會把車駕翻了。」

第四章　建立不可動搖的威信

　　最後，朱元璋想了想說：「現在的丞相人選，實在沒有人能超過你的，還是你來吧。」劉基還是拒絕。他說，「我這個人疾惡如仇，性情太耿直，又缺乏處理繁雜事物的耐心，讓我任丞相會有負皇帝的恩寵。」

　　後來，楊憲、汪廣洋、胡惟庸都得到不同程度的重用，胡惟庸還任丞相8年，但都相繼敗亡了，正如劉基早年預言的那樣。

　　劉基就是處事公正的典範。他對別人的看法完全是從為國家著想的角度出發，不但客觀公正地評判他人，也公正地評判自己。令人嚮往的丞相職位，他不去搶奪而主動出讓，這就是他處事公平的表現。

　　處事公正就要心中有他人，戒除自己過分膨脹的利欲私心，還要嚴於律己、寬厚待人。

　　處事公正也表現於主管敢拿自己的錯誤開刀。

　　在企業中，主管的行為對員工也可以造成潛移默化的作用。如果對自己的錯誤千方百計隱瞞推脫；對員工卻小題大做，動輒訓斥，揪住小錯不放，也是處事不公的表現，這些做法也會影響員工的工作熱情。主管要帶好隊伍，培育員工公平處事的品德和能力，自己必須做出表率。所以，主管對於自身的錯誤也不能姑息遷就，要勇於認錯，這樣才能教育其他犯錯誤的員工。

　　另外，處事公正還表現在積極維護員工利益、勇於反對錯誤的行為。主管在管理員工的過程，有時會遇到具有雄厚背景的人，如果他們飛揚跋扈，不可一世，主管又置之不理，就會影響自己在員工心目中的形象。因此，要有為員工伸張正義的氣魄，這樣才能贏得員工的愛戴和尊敬。

　　一個小公司的員工回憶，當年自己從清潔工被提拔為生產部門的主管，在工廠裡引起了不小的轟動，最不服管教的就是那些皇親國戚。他們故意挑撥員工關係，影響團隊穩定。在這些人的影響下，整個生產部門都瀰漫著消極散漫、得過且過的風氣，結果造成當時生產部門工作效率低下。可是，要拿他們開刀必然會得罪很多人。雖然老闆說會支持，但是也可能會迫於壓力解僱自己。然而如果不處理他們，其他員工的工作熱情就會受到影響，自己也無法建立起威信。

　　這位小主管秉著一顆公正的心，想好好把這些問題解決掉，在一次會議中，他宣布開除這些皇親國戚，沒想到員工們激動得想把他抬起來。他們感覺自己終於遇到一位敢伸張正義的主管。

　　新主管沒想到員工們反應如此激動，這讓他看到了公平處事的力量，威信也馬上成功建立。老闆看到員工的向心力大大提高，沒有因為自己的關係者被開除而拔掉主管，反而提拔了他。因為維護了大多數人的利益也就維護了企業的利益，老闆對此是求之不得的。

第四章　建立不可動搖的威信

　　由此可見，只要能維護大多數人的利益，主管一定要公平處理。

　　總之，主管要贏得信任，不是靠嘴上說一說，關鍵在於行動。衝突越是激烈，越要按章辦事、公道正派，不能憑個人好惡來管理員工。上司重用你，是為了讓你帶領一支精神抖擻的隊伍，主管職得信賴，才能有效凝聚人才、推動團隊發展。

第五章
表現職場決策力

第五章　表現職場決策力

美國著名決策大師赫伯特·西蒙（Herbert Alexander Simon）認為決策是管理的心臟。決策決定著企業發展的盛衰，關係到企業的生死存亡。

主管對上是執行者，對下是決策者。想要讓上級的決策正確執行，需要主管制訂策略執行時的細項。衡量主管是否優秀，不僅要看他的執行力，還要看他能否為公司發展出謀劃策。另外，想要讓部門員工正確執行，也需要主管做出正確的決策。如果主管沒有正確決策的能力、未建立合理的決策機制，員工怎能正確執行，主管決策錯誤反而會把下屬引導到錯誤的路上去。因此，作為主管，不能不重視決策的重要性。

當然，主管做決策的過程也需要集思廣益，讓團隊成員學習自己的決策方式，讓整個團隊透過共同的思考模式來做決定，以有效達到目標。

可見，為公司提供合理化的決策，不但能提高公司的競爭力，同時也是為自己和員工鋪設更寬闊的康莊大道。

主管要有決策能力

決策就是工作的方向和目標。主管在領導下屬時，首先要解決於做什麼、怎樣做的問題，而所有這些問題都屬於決策的處理範圍。

決策能力是領導者為維持企業生存必須的基礎。美國麻省理工學院一位著名的管理學專家認為，作為領導者，在綜合素養上，有三方面屬於核心能力，即決策、用人、專業。而這三方面側重點又各不相同：對於領導者來說，最重要的是決策，占 47%；其次是用人，占 35%；最後是專業，只占 18%。

可是，有些主管認為做決策是高層領導者的事務。自己作為執行面，只需要把上級的決策化為現實就可以了，沒必要多做決策。在這種思考方式的支配下，他們落入被動執行上級決策的局面，造成團隊中只有高層領導者，也就是只有老闆一個人在做決策的情況。當面臨緊急事件而老闆又不在場，就會沒人作主，這直接影響到企業的前途。

還有些主管根本不做決斷，相信船到橋頭自然直，走一步看一步。在這種想法下，部門也只是盲目工作，即便成功，也彷彿瞎貓碰上死耗子。

要擔當好管理者的角色，必須有規劃、組織、指揮、用人、控制等五項管理功能。主管是勞心而非勞力者，勞心者即運用其心智，發掘潛在問題，進而深入分析，提出解決對策。因此，需要動腦思考決定。隨著主管在公司內不斷晉升，他的決策方式也會發生變化。職位較低時，他的工作可能是設法把各種產品銷售出去，此時，行動是關鍵；職位較高時，他的工作則可能牽涉提供的產品、服務以及開發。

第五章　表現職場決策力

　　若想在公司裡不斷晉升，並能勝任新的角色，就需要學習新的技能和思考方式。

　　有些主管重視決策，可是他們做出的決策常是錯誤的，這是沒有決策力的表現。決策錯誤是指由於市調不足、民主決策機制未落實、一意孤行等原因，致使領導者制訂的相關決策無法執行，而導致工作失誤、造成損失的行為，這種現象在企業中並不少見。

　　主管是部門的領頭羊，最大的責任就是要對上級負責下屬的工作結果。對結果負責，就要追究回主管的決策本身，如果主管的方向錯誤，員工再怎麼努力都與目的南轅北轍。市場就如同一個沒有硝煙的戰場，同行業之間的競爭已經發展到了白熱化的程度。誰在經營管理決策上善於籌謀、具有前瞻性，誰就有可能在市場上領先一步，搶占制高點。

　　要提高部門的執行力，首先需要主管重視決策、有正確決策的能力。當發現工作中經常出現需要回頭修改的錯誤，表示工作前沒有仔細思考就做出了決策，是主管能力不足，這樣就會降低自己的威信，無法動員和凝聚部門成員了。

　　當然，主管做決策和高層領導者做決策的方向不同。高層領導者要考慮企業大方向，而主管做決策往往只考慮本部門怎麼配合公司的發展策略。企業主管所要做的，就是面對各種不同的情境都能做好決策。

一般而言，主管做決策主要表現在以下幾方面：

1. 評估外界環境情勢的變化，分析有哪些趨勢是機會，哪些是威脅。應練就化威脅為機會的功夫。

2. 了解可以運用哪些資源—部門的強處與弱點在哪裡，以界定生存空間與發展方向。

3. 謀劃部門目標與長期發展計畫。以這些目標和計畫作為部門努力的方向和績效衡量的準繩。

4. 依整體目標再擬訂部門的策略方針，以使人力、物力及時間等資源獲得最充分有效的利用。

5. 在決策正確的基礎上追蹤績效，確保決策的正確執行。

在一個競爭的時代，成功的主管會告別臨時想出的決策。他們知道要應用商業智慧把數據變為知識，用知識幫助決策，並藉用「外腦」，向領導者提供眾人的智慧，從而提高決策的效率和水準。

綜合分析能力是正確決策的前提

想要正確決策，離不開正確的分析判斷。分析判斷和決策一樣都是人的思考成果，它不是建立在數學和邏輯基礎之上的，而是建立在人的感情、理念和經驗的基礎上的。既然是建立在自己的感情和經驗的基礎上，難免會發生一些錯誤，或是

以偏概全的分析判斷，那樣就無法保證決策的正確性了。

　　比如，當美國被颶風卡崔娜襲擊時，負責監測災情的准將還是按照他過去的經驗來判斷，認為早期資訊都不準確，因此沒有及時彙報初期收到的潰堤消息，造成救援遲緩。由此可見，要確保決策正確，就需要對所接觸的事物進行詳細分析判斷，不能僅憑自己的微薄資訊就匆忙總結。

　　在日常工作中，主管也經常需要做出分析、判斷和決策。正確的決策是藝術和理性的結合。一個善於決策的領導者往往在碰到問題時會先思考：這是系統性問題所表現出來的表面症狀，還是一個偶發事件？他們會把一些看起來不相關的事物結合起來思考。

　　擁有綜合判斷力的領導者，不僅會為所在的團體帶來財富，也能成為一國、一族巨大的財富。

　　在歷史上，具備綜合分析判斷能力的人不在少數，李泌就是其中之一。李泌是中唐時期的大謀略家。他不但受到唐玄宗的賞識，在肅宗、代宗和德宗三朝中，許多政治事件都出自他的正確決策。他之所以往往決策正確，就是因為他看問題能仔細鑑別、綜合判斷，故向皇上進言時具有很強的說服力。李泌的綜合分析能力僅從他幫助唐德宗擺平家事中就可以看出。

　　一次，唐德宗告訴李泌，有大臣告發太子詹事李昇帶刀進入郜國公主府中。郜國公主是肅宗之女，也是太子的丈母娘。

太子的丈母娘與人私通，皇上的顏面不是都丟盡了嗎？為正視聽，唐德宗把公主囚禁於宮中。這還沒完，勃然大怒的皇帝還遷怒於太子。

德宗被這些亂七八糟的家事所煩，於是把李泌召來徵求意見，誰知，李泌聽完這些分析道：「郜國公主都這麼老了，而李昇還這麼年輕，一大一小兩個男女有私情，怎麼可能？」他進一步分析說，「我想一定有其他不可告人的目的。以臣之見，這是有人想動搖太子的地位。」李泌一針見血地指出。

當德宗將信將疑時，李泌追問這事是誰抖摟出來的。德宗當然不會告訴他。可是，李泌說：「臣猜，這一定是大臣張延賞講的。」

德宗大驚：「人家都說宰相料事如神，看來什麼事情都瞞不過你呀。」

李泌又說道：「我還知道，這位張延賞和李昇的父親不和。現在李昇受到陛下的賞識，他一定不甘心，要設陷阱進行陷害。」

聽到這裡，唐德宗有些遷怒張延賞了。他向李泌求教應該怎麼辦。李泌提出讓李昇擔任別的官職，不在宮中值夜班，就沒人說閒話了。多日來纏繞德宗的家事頃刻獲得解決。

本來，在德宗的分析下，事情是很複雜的。首先郜國公主行為不端；其次是李昇，冒天下之大不韙；再次是太子，沒有

管教好李昇。而李昇帶刀進入郜國公主府中又說明了什麼？難道僅僅是簡單的姦情案嗎？分明是他們以情感交友為名籠絡朝中政壇人士，為太子蒐羅黨羽。這樣分析下，桃色事件將會變成政治事件，德宗還能不廢掉太子嗎？

　　幸好李泌明察秋毫，經過詳細分析，做出正確的判斷，才避免了一場政治危機。因為皇帝家事也是生死攸關的帝國大事。這件事情真相大白後，太子曾找到李泌說他當時因為感到無顏見父親，已經做好了服毒自殺的準備。如果是那樣的話，張延賞可謂一箭三雕了。可見，李泌的明察是多麼重要。

　　在企業的經營管理中，主管們也會遇到一些看起來剪不斷理還亂的麻煩事，令人感到無從下手。此時不可偏聽偏信、意氣用事，要對所掌握的資訊詳細分析，這樣才能分辨真偽，做出正確的決策。

　　想提高分析判斷力，就要提高遠視力、洞察力、分析力、應變力。

- **遠視力**：遠視力是一種對未來的預測力，是領導者結合事實、希望、夢想以及危機感等，預測出企業的未來前景。這需要對企業及其環境深入的了解。

- **洞察力**：洞察力需要領導者慧眼明察，對當事人的動機了解透澈。這要從各種角度去觀察，迫使主管抓住問題的核心，能敏銳地察覺內部和外部變化，而非只看表象。缺乏

洞察力的主管，會只見樹或只見林，抓不住問題的癥結點，因此無法擬訂有效的解決方法。

- **分析力**：分析力要求領導者以綜合的見解來平衡判斷的差距，需要在面臨困難問題時能深思熟慮、做出適當的判斷。要具有分析力，主管必須經常走出辦公室，到生產、銷售前線去了解第一手資訊，查看執行上遇到了什麼困難，是員工的問題還是命令本身有問題？另外，還要在內部建立更公開的資訊傳播方式，透過這些途徑讓公司上下都可以掌握更多資訊，便能根據多方回饋，加以領導者的專業分析，下一步的市場或管理方案就產生了。

- **應變力**：應變力能事先推測如何應對未來發生的事件，而不是被動地等企業遇到突發事件時才想到解決。

雖然很多內容總也無法完全掌握，無論思考多細緻，布置多周到，總有想不透的一環，總有意外在等著你。但判斷力強，決策的正確率就會提高。如果主管能夠明確地判斷，清晰地作出策略選擇，就會避免很多決策的失誤。

決策需要多謀善斷

商戰需要謀略，謀略是商戰的法寶。大至企業長遠的發展策略，小至具體產品在市場的占有率，失去正確的謀劃與決策，再多的行動也會失敗。

第五章　表現職場決策力

　　謀略需要多謀善斷。多謀，是領導者透過調查、策劃、商量、討論、諮詢等行為，尋求達成某一個目標或解決某一個難題的方法。善斷，就是對正確的計畫、決定勇於做出決斷。多謀善斷，就是指領導者在工作的過程中，要善於運用謀略、運籌帷幄。這同樣也是對主管做決策的要求。

　　為什麼需要多謀善斷呢？因為決策的內容都是關於未來以及企業在未來中的地位，而未來又是不確定的。為了應對這種不確定性，就需要多謀善斷。

▶ 盡可能多掌握資訊

　　要多謀就要眼觀四面、耳聽八方，掌握週遭環境動態及其變化，獲得珍貴的情報。比如，李泌之所以能說服唐德宗，就是因為他掌握了張延賞和李昇父親不和的消息，因此才判斷他必然要向李昇下手。

▶ 培養理性思考能力

　　要多謀，還需要不斷培養自己的理性思考能力，用冷靜的分析來決策未來。因為領導者決策的過程，從根本上說應是理性思考的過程。在這個過程中，必須具備良好的理性思考能力，能夠以辯證的方式認知問題，處理各式衝突和人際關係。

　　比如，曹操能達到挾天子以令諸侯的目的，與當時荀攸辯證地看待問題，力排眾議說服曹操有關。

　　東漢末年，漢室在大亂後將漢獻帝迎回洛陽。曹操這時駐紮在許縣，他想迎回漢獻帝，可是大家都不支持。他們說，現在崤山以東還沒有平定下來，而為獻帝護駕的兩位大將勢力很大，很難一下子制伏。

　　此時，荀攸站起來說話了。他說：「古代周襄王因為禍亂遠離京都，是晉文公重耳接納他幫他復位，因此各國一致推舉晉文公為霸主。如果說獻帝在外漂泊時，將軍因為局勢混亂來不及接駕，而今獻帝回到了京城，百姓們也懷念起漢室。可京城已經破爛不堪，我們為什麼不順民心去迎接獻帝呢？如果將軍現在不這樣做，其他人去迎獻帝，我們就失去了這個千載難逢的好機會。」

　　這一番話見識不凡，令曹操茅塞頓開，下定了決心去迎接漢獻帝。

　　荀攸的這個決策就是理性思考的結果。只有運用辯證思考才能透過現象看本質，透過局部看整體。

▶ 提高逆向思考能力

　　既然是多謀，還需要提高逆向思考能力，善於以果推因、尋根溯源，透過認真思考、判斷問題成因，來完善自己的工作決策，這樣做出的決策才是正確的決策。

　　比如，要推行新企劃時，不是從企劃的可行性說起，而是從應行性入手。每個項目出來都要進行三輪「批判性論證」，

第五章　表現職場決策力

第一輪在企業內部論證，第二輪是邀請企業外部各方面專家論證，第三輪是集中企業內部和外部專家共同論證。只有經過這幾個回合的論證仍駁不倒的項目，集團才會研究這個企劃投資成形的時程問題。

▶ 掌握更多知識

多謀需要掌握各種知識。掌握知識越多、越全面，思考空間就越廣闊，就能更完整地謀劃、決策，為做出正確決策打牢堅實的基礎。

歷史上，足智多謀的人無一不是飽覽群書、知識淵博的人。

▶ 發揮員工的作用

無論如何賢能的主管，也不可能事事時時都是智多星，主管也有腸枯思竭的時候，因此要注意發揮員工的作用。在員工中蘊藏著無窮的智慧和創造力。好的主管會透過各種方式認真徵求下屬意見，下屬看到主管如此謙遜，也會竭盡全力為主管出主意，從而使主管獲得更妥善的方案。

善斷就要不失時機，恰到好處、當機立斷。善斷還要堅持原則性與靈活性相結合的守則，在工作中根據不同的情況，需要剛則剛，需要柔則柔，採取各式各樣的方法，發揮創意進行工作。

多謀善斷是一門領導藝術，要真正融會貫通，靈活應用於具體的工作實踐，不但要具備廣博的知識、扎實的理論功底，

還要有豐富的實踐經驗、創新的思維能力。唯有如此,才能駕馭複雜的局勢,趨利避害,打開工作的一片天。

準備多套備選方案

我們知道,決策就是一種選擇,從本質上說就是選擇做什麼、不做什麼。既然是選擇,就需要準備多套備選方案。多方案是選優的前提,多了解才能有比較,有比較才能有鑑別,才能從中選擇最好的方案,決策成功的機會也就越大。

另外,準備多套備選方案也符合決策的要求。如果決策中包括很多要達成的大目標、小目標等,就更需要準備多套備選方案。也許一套備選方案能夠最大地滿足首要決策目標,而另一套方案更能滿足第二、第三目標。決策力就表現在當領導者面對多種選擇時能夠系統地思考,並做出一系列準確判斷。另外,備選方案就像比賽中的後補球員一樣,在意外發生時可以應急。就像我們逛賣場總有緊急逃生出口一樣,這個緊急逃生出口就是備選方案。

這種方式不僅適用於主管指導員工工作時,同樣也適合主管向上司彙報決策的時候。向上級彙報工作時,主管要根據自身對決策事件的判斷,設身處地站在上級的角度,提出兩個或兩個以上的方案和建議,供他們決策時參考。雖然上司不一定

能採納，但他們可以從下屬的建議中產生靈感，做出更好的決策。這樣，主管也起了參謀的作用，替上司排憂解難了。

可是多套備選方案最後只會留下一套，那麼，在多個備選決策方案的競爭中，要以什麼形式和方法使一些決策方案被淘汰，又根據什麼標準確定特定決策方案可行呢？

決策方案選擇，要依據以下客觀標準進行：

- **目標原則**：所有方案都是為了完成目標，因此，選擇最佳方案時要根據方案與目標的貼近度，從方案能否滿足目標的要求來進行選擇。脫離目標的方案首先應在淘汰之列。

- 如果決策就是為了達成一個目標，那麼這個目標就成為方案選擇的唯一標準；如果決策是為了達成多個目標，就要考慮各個方案與多個目標之間的關係及其與總目標的符合程度。透過全面衡量，確定各方案與總體目標的貼近程度。

- **利害原則**：依據方案的效益高低和危害大小、風險程度進行選擇。尤其要注意該方案是否有利於維護本企業的良好形象和聲譽，提高本企業的知名度和美譽、是否有利於滿足公眾的需求等。以此為標準比較、分析，全力以最低代價、最短時間達成既定目標。

- **適應性原則**：這個原則是檢驗方案是否可行最實用的標準。在建築設計中常常出現獲獎建築並不實用的錯誤，設計內容可能以國外的眼光進行，或者採取比較時尚的設計，因

創意時尚而獲獎，卻因為不能貼合當地氣候等原因，實際建造下來並不實用。

企業的管理決策要落實到位，需要各部門員工去執行，唯有適應實際工作，決策才有意義。當然，在執行的過程中，隨著環境的變化和意外事件的干擾，方案應有一定彈性，這正是它適應性、靈活性的表現。

至於挑選方案的方式則可以參考以下幾種方法：

- **逐步淘汰式**：透過各個決策方案之間的相互比較進行篩選，最終留下證明最充分、確認度最高的決策方案。
- **調合互補式**：在提出了若干決策方案並分別進行驗證之後，有時也許會發現它們各自在某一方面都有明顯的優點，因此不忍割捨。此時可以棄各家之短，取各家之長，將這幾個決策方案調合起來，這樣就會產生出較為理想的最終決策。
- **請專家幫助決策**：所謂專家，即有專門學問的人。他們致力於某一方面的研究，往往從某一特定角度分析問題，可以深入分析結果，因此也可以請專家來幫助決策。只是要注意避免他們言論的片面性。
- **集體決策**：管理是為經營服務的，經營的過程是將其風險和損失降到最低，這是企業經營的生命線，因此管理所要做的是保證整個經營過程良性運轉。如何降低風險，最好的方法就是集體決策，而不是個人決策。

當然，集體決策並不意味著「跟著前面簽字」，要告訴每一位參與決策的人他能做什麼，他的權限是什麼，以及與之相配套的獎懲制度。只有這樣，人們在決策時才會真正盡自己的責任，才會有將工作做好的動力。

最後需要注意的是，主管準備備選方案時，思維應從全局高度出發，而在執行過程中則又必須以局部的角度、從屬的地位為出發點。這樣才能及時為上司提供嚴謹、正確的意見和建議。如果只是站在局部利益的立場亂出點子，這就背離了主管的職能。

審時度勢，理性決策

決策當然需要審時度勢，符合環境的變化，因為環境是影響決策成功實施的因素之一。得時，就有了勢，有了勢事情就會成功，善於管理的人一定要先利用勢，這樣才談得上理性決策。

在企業的經營管理中，主管做決策也要審時度勢，這是謀斷的基礎。主管應以自己的胸懷和眼光，比對手站得更高、看得更遠。這不僅是為自己的前程負責，也是為企業的前景負責。

做決策能審時度勢，不僅是對一個人能力的考驗，也是對其視野的考驗。因為高明深遠的謀略，不是一般人所能策劃的。有遠見的人眼光長遠，缺少遠見的人目光短淺。特殊的人

才，才能策劃制勝的上上謀略。目光遠近不同，得出的結果也大不相同。有幾十年的眼光，可以建立幾十年的事業；有幾百年的眼光，可以建立幾百年的事業。只爭一時之得失、料一時之成敗，絕不是卓越領導者的表現。因此，審時度勢必須有高瞻遠矚的見識、有詳盡周全的措施。

審時度勢做決策，一要正確調查研究，即對歷史和當下情形有全面、深入、客觀的了解和認識。因為「知己知彼，百戰不殆」。資訊重要性如此之大，必須詳細調查研究。如果整天飄飄忽忽，忙於應酬、做表面文章，習慣不經思考做決策，必定會造成重大失誤。

二要理性評估，即對領導團隊的未來發展趨勢、進程、狀態及其結果事先做出正確的估量和判斷。

三要有全局意識。領導意圖的達成，得靠主管來落實。高階主管想問題不同於中階主管，他們看問題時，不會局限於一個公司、一個部門，而是整體掌握，具有全局意識。因此，主管在為上級出謀劃策時，也必須擺脫自身局限，必須善於系統性分析，全盤運籌，要把自己分管的工作放在整體背景下去思考，只有站在全局的高度，才能提高決策的準確性、高效性。

四要具備靈活性。有時候時勢雷同，但事情不一樣，有時候事情類似，但時勢不一樣，要根據具體狀況分析。小的時勢可以改變，而大的時勢則必須順應和掌握，體察時勢而進行變通，也是做決策的依據。

第五章　表現職場決策力

審時度勢是理性決策的前提，也是遵循規律的表現。因此，決策要根據現有的主客觀條件確定決策目標，所確定的目標無論是長期還是中期，都必須符合客觀實際、切實可行。另外，在決策中不可好大喜功、貪大求多。一旦違背了客觀規律，必將造成欲速則不達的後果。

總之，決策是主管的重要職責，理性決策是主管的必備特質。要做好決策，必須目光遠大，關注時代的發展；做好市調，發揚民主精神，接受監督。這樣，才可以在千頭萬緒、紛繁複雜的管理工作與決策中，目光敏銳、高瞻遠矚，既能掌握時機，又能避免急於求成，成為一名優秀的領導者。

關鍵時刻敢拍板定案

「當斷不斷，必受其亂。」如果決策時優柔寡斷，以致時不再來，豈不悔之晚矣。

曾有一家跨國公司的管理人士花上幾個月向老闆說明該公司規劃在全球使用的資訊技術系統無法兼容中文，還有一家公司經理則把希望能縮小產品包裝的提議遞交給上級，在建議獲得批准時卻已經過去 5 個月了，競爭對手早已推出了類似的小包裝產品。

美國作家與政治家威廉‧沃特（William Wirt）說：「如果一個人徘徊於兩件事之間，對自己先做哪個猶豫不決，他將

會一事無成。如果一個人原本做了決定，但聽到自己朋友的反對意見時猶豫動搖、舉棋不定，那麼，這樣的人肯定是性格軟弱、沒有主見的人，他在任何事情上都無法成功，無論是舉足輕重的大事還是微不足道的小事，概莫能外。」

的確，有的人雖然能力出眾，卻優柔寡斷，在選擇和機遇面前猶豫不定注定是人生的悲劇。猶豫不決的心態往往是在行動前的關鍵時刻出現，使人改變決策或回過頭來重新思考。等到再一次確認原決策正確，應該實施的時候，外因或內因已經起了變化，所決策的內容不再適用。不能信心百倍地堅持自己的決斷，常會造成巨大的損失，可以說猶豫不決甚至比魯莽更糟糕。

對一個領導者來說，最壞的決定是遲遲不作決定。在企業管理中，有一條「70%的解決辦法」，就是即使你只有70%的把握，也要作出決定。儘管70%並不令人非常滿意，但它有成功的希望，若你不作出決定，完全不可能成功。因此，一事當前，管理者必須拍板定案，這種決策的時機稍縱即逝，考驗著管理者的氣魄和能力。

猶豫不決只能誤己，果斷才可成事。古往今來，成大事者都有一個共同點：處事果決，當機立斷。

據《北齊書・文宣帝紀》記載，北朝東魏丞相高歡想試一試幾個兒子的才智，於是給每人發了一把亂絲，要他們以最快的速度整理出來。別的孩子都把亂絲先一根根抽出來再理整

齊，這樣，進度就很慢。只有高洋找來一把刀，揮刀將一些糾纏不清的絲線斬去，因此最先整理好。

其父見狀問他為什麼用這種方法，高洋答曰：「亂者必斬。」後來，在高歡的兒子中，高洋脫穎而出，成為北齊的文宣帝。

快刀斬亂麻，是說做事乾脆，抓住要害，迅速解決問題。越是處理錯綜複雜的問題，越需要大膽果斷的行動，排除各種人為的干擾，不受動搖地走向既定目標。因此，當我們在商場博弈中，遇到各種困難和危險時，不妨運用「快刀斬亂麻」的方法，果斷處理，從而打開局面。

軍事家在戰鬥中果敢明斷，常能掌握戰機；企業家在商戰中果敢明斷，常能無往不利。

一家國際食品公司的主管萊斯在街頭漫步時，突然被一個狹窄小弄飄來的濃烈辛香味所吸引，進去一看原來是一個小攤販正在烤羊肉串上撒孜然粉。這個意外發現讓萊斯產生了新點子：孜然口味的雞柳條。幾週後，他的研發經理就拿出了一份新的食品配方，由行銷團隊尋找消費者參加試吃會。兩個月後，新產品一炮打響。

新產品的快速上市既有賴於萊斯團隊的通力合作，也離不開主管的果斷拍板。有些公司的業務主管儘管擁有這樣的自主權，但是在面對新情況、新問題、新創意時卻舉棋不定，頻頻徵求上級主管的意見，即使是像調整包裝這樣的小事也是如

此。由於他們的猶豫不決，企業往往失去超越自己、超越競爭對手的大好時機。

我們知道，再英明正確的決策也要以執行來驗證其正確性。如果猶豫不決，就等於將決策束之高閣。那樣的話，決策者們的心血豈不是付諸東流了。作為領導者，決策不執行，受損失的不僅是自己，更將是企業。由此進一步說明，一個成功的決策者，不但要有正確決策的能力，而且要有執行的果斷性，還要有勇於承擔決策失敗的勇氣和魄力。特別是在企業的經營管理中，下屬在面對危機或面臨機遇時，總希望領導者能夠迅速、果斷地採取行動，以便帶領他們扭轉局面。因此，做一個勇於大膽決策的人，不僅是自己有魄力的表現，也是團隊成員的願望。

使一個人形成果斷決策的個性，是生命成長中最重要的工作。主管們，要讓你正確的決策發生效用，就果斷地決策並執行吧。這不僅是對自己決策力的證明，也是帶領團隊抓住有利時機的機會！

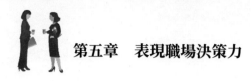

第五章　表現職場決策力

第六章
讓每個員工都人盡其才

第六章　讓每個員工都人盡其才

　　鴻雁沖天，全憑羽翼為資；事業發展，全靠人才輔佐。學會識人用人，是每個想成就一番事業的人必須練就的能力。主管作為領導者，首要任務就是選用合適的人。

　　首先，需要知道什麼樣的人是人才。另外，還要具備慧眼，發掘那些富有潛力的人才。

　　在用人方面，用其所長，忽略其短，人才互補，才能組建自己最得力的團隊。另外，還要大膽提拔那些具備領導能力的員工。

　　總之，讓每一位員工都有發展的空間，是員工最希望的，也是主管用人有方的表現。

事業靠人才發展

　　美國知名女企業家玫琳・凱・艾許（Mary Kay Ash）在她根據自己數十年管理經驗寫成的《玫琳凱之道：美國最偉大女性企業家跨時空的管理準則》一書中曾這樣寫道：「人比資產更重要。」企業之間的競爭，歸根究底是人才的競爭。人才就是生產力，事業發展離不開有才能的人鼎力相助。有了人才，等於有了新技術、新產品，有了事業的創造力和革新精神，有了生存競爭能力和經濟效益。因此，成功的企業總是惜才如命，不斷追尋人才、招攬人才。他們迫切需要堅強的人力資源，以保持企業強勁的生命力和競爭力。

　　的確，大到國家，小到企業，任何人的成功、任何企業的發展，都離不開人才的大力相助。劉邦身邊有韓信、張良、蕭何、陳平的輔佐才能戰勝項羽，從無名之輩登上皇帝的殿堂；劉備身邊有多謀善斷的諸葛孔明、英勇機智的關羽、張飛、趙雲等人，才成就三國鼎立的霸業；唐太宗李世民身邊因為有秦瓊、尉遲敬德，才能高枕無憂，因為有了魏徵這面明鏡的反射才可以時時正衣冠、知得失，建立氣勢恢弘的大唐帝國；漢光武帝劉秀之所以能奪取政權，也與人才的支持分不開。當他還沒有站穩腳跟，不知向何處發展時，是鄧禹為他出謀劃策，為他描繪了一幅事業宏圖。大量的歷史事實見證，領袖的背後總有一批卓越的追隨者，是他們幫助領袖成就豐功偉業，同時他們也成就了自己的一世英名。他們如天上的繁星熠熠閃光，發揮著各自的才能和作用。

　　建立國家需要大批人才的輔佐，企業的開創和發展也需要一批能人志士。我們知道，微軟的發展離不開技術天才保羅·艾倫（Paul Gardner Allen）和精通管理的鮑爾默（Steve Anthony Ballmer），更不用說底下的技術團隊；美國鋼鐵大王卡內基（Andrew Carnegie）對鋼鐵製造和生產工藝流程知之甚少，但其手下的精兵強將都是這方面的專家，就連他自己的墓誌銘上都這樣寫：「長眠於此地的人懂得在他的事業過程中起用比他自己更優秀的人。」

第六章　讓每個員工都人盡其才

　　主管作為部門的領導者，要帶領團隊做出一番業績同樣離不開各類人才的輔佐。從個人的能力結構來看，誰都不能是全才，不可能什麼都懂。主管再有能力、再神通廣大，沒有他人相助也難以成就一番事業。特別是新官上任，更需要有得力的人幫助自己點旺三把火。

　　因此，一個成功的主管，不能只做孤傲的獨行俠，要懂得人才的重要性，做知人善任、統率三軍的帥才，集眾人之所長，打造一支得力團隊。

　　有人才，我們便能學會原來不會的東西，做到原來做不到的事情。誰擁有最多最好的人才，誰就能在競爭的道路上跑得更快。唯有把人才引進來，事業才能快速發展。

發現金子，讓其及早發光

　　想找到人才，不能坐等人才上門，而要在工作中主動發現人才、引進人才。

　　在使用人才方面，許多人以為「是金子總會發光」。意思是說，只要一個人懷有實力，他人就會了解到你的價值。可是在企業的職位配置中，有些人雖然具有金子般的潛能，由於缺乏機遇，終生未能像金子那樣發光的大有人在。主管的責任就在於要獨具慧眼，發現人才，讓金子早點發光。

發現金子，讓其及早發光

要讓金子發光，做主管的心中就要有大器早成的觀念。許多人遵循老子「大器晚成」的觀念，認為「偉大的器物需要晚些才能製成」。在道德修養等方面，成為聖人也許要等到老年，飽經風霜，通明事理、看淡一切才能抵達聖人境界。可是在某些領域，展現自己的才能不一定要等到人生的晚秋。

自古英雄出少年，古代有十二歲就拜為卿相的甘羅，現代也有少年發明家、少年作家等，在體育界，莉德琪（Katie Ledecky）15 歲起就成為女子 800 公尺自由式最年輕的世界紀錄創造者；15 歲，鮑比·費希爾（Robert James "Bobby" Fischer）獲得「最年輕的國際象棋大師」稱號，這足以證明，大器亦可早成，今天的世界已經是一個瞬息萬變、分秒必爭的時代，如若還有人死守著大器晚成不放，那注定只能老大獨傷悲了。

從職業生涯來說，每個人也都有自己年齡和才華上的黃金期，不可能在每個階段都發光。雖然企業隨時都需要人才，可是對每位員工來說，錯過了這個黃金階段，金子也會黯淡，利劍也會鏽蝕。而企業用人，錯過一時很可能失去一個英才；晚用一人，也可能影響一代人的成長。正是因為機會難得，人的青春年華失去就不會再來，領導者更需要及時發現人才、使用人才，避免埋沒金子，以使具有黃金潛質的年輕人才在大好的年華展現自己。

第六章　讓每個員工都人盡其才

當然，這種發現不是靠主觀印象，不是靠關係介紹，而是觀其言、察其行，重實際表現，重群眾公論。在這方面，許多成功的領導者都是善於發現金子的能手。

武丁是殷商中期的君主，商朝在他的統治下，達到了鼎盛期。這是他與賢相傅說聯手創造的佳績。根據出土的甲骨文等記載，武丁重用傅說為相，傅說職權非常之大，居於眾臣之首。傅說不僅能代表商王發布軍事和政治命令、指揮貴族、討伐別族，還能主持祭祀和籍田之禮，是在甲骨文的《武丁卜辭》裡唯一獲此待遇的大臣。有誰知道，傅說曾經是一名苦役犯，是武丁慧眼獨具，發現了他的優點。

武丁即位後知道官員的重要，善於選拔賢才來擔任官職。一次，他到虞山視察，看到一群苦役犯築城牆。其中一個人氣宇不凡，武丁便放下身段接近他。當傅說談到「想要治理好天下，就要任命賢人當官興利除弊，讓百姓安居樂業」一番話時，令武丁大驚。他沒有想到這個人雖出身卑微，但十分聰慧，對國家大事頗有見解，傅說侃侃而談，武丁一一記在心裡，萌發了任用傅說的念頭。傅說也達成了從奴隸到宰相的華麗轉身。

可以說，武王發現傅說，是先從形象和言談上認可了他。凡是人才總有與眾不同的遠大志向，這些往往會從他的神態和行為中表現出來。

傅說擔任宰相後果然不負眾望，極富文韜武略，從王室開始整治腐敗，大力推行新政；他還積極與周邊各國修好關係，

嚴懲勇於進犯的國家，朝廷內外秩序井然，國勢再度復興，一時成為強國。

讓金子發光關鍵在於用其能。只有用其能，才能讓這些人才有發展的空間，從而散發出金子的光芒。因此，發現他們金子般的潛質後就要大膽啟用，為他們提供與其才能相適應的職位，讓他們充分發揮自己的才智。

優秀主管用人所長

識人的目的是為了用人。可是人各有所長，亦各有所短，應該怎樣使用他們呢？

清朝顧嗣協曾寫過一首詩：「駿馬能歷險，犁田不如牛。堅車能載重，渡河不如舟。捨長以就短，智高難為謀。生材貴適用，慎勿多苛求。」他藉詩說明人各有所長，用人貴在擇人任事，使天資、秉性和特長不同的人在不同的職位上各得其所。企業的用人之道也在於知人善任。可是如何才能達成用人之長呢？

▶ 了解員工的長處

要用人所長，要先了解和掌握員工有什麼長處，這樣才能將其安排到合理的職位上工作。了解員工的長處有時需要一段時間，因為優勢也許不會在短時間內表現出來，主管們千萬不要只盯著他們不擅長的地方或者所犯過失，犯下以短掩長的毛病。

唐代柳宗元曾講過這樣一件事：一位工匠出身的人，連自己的床壞了都不會修，足見他鏟鑿鋸刨的技能有多差，可他卻自稱能造房。柳宗元對此將信將疑。

　　後來，柳宗元在建築工地上又看到這位工匠，才相信了他，原來這位工匠具有指揮能力，雖然不會什麼木匠、瓦工之類的技藝，可是他會發號施令，指揮眾多工匠先做什麼，後做什麼，共同作業時應該如何配合。

　　結果，眾工匠在他的指揮下，有條不紊、秩序井然，使房屋定期完工了。

　　這件事令柳宗元大為驚嘆。如果按照匠人的標準來要求他，他的確是不合格的。棄之不用，無疑是埋沒了一位出色的工程領班。

　　從這個故事我們可以悟出發現人的長處、用人所長是多麼重要。如果簡單的工作任務由能力高的人去做就是大材小用，從資源利用角度看，是對人力資源的一種浪費，對方也會不安於工作。

　　其實，任何人有其長必有其短，若先看一個人的短處就匆忙下結論，這種識才方式非常武斷，容易掩蓋長處和優勢。當下屬暫時還沒有表現出他們的優勢時，千萬不要認為他們沒有什麼優勢，也許是放錯了位置，使他們的優勢無法表現罷了。

▶ 安置合理的職缺

有些主管在任用員工的過程中只看到短處，沒看到長處，因此總是抱怨自己找不到合適的人才。造成這種情況，也許是因為他們只用一種標準衡量人才。

俗話說：「尺有所短，寸有所長」，每個人的特長和優勢都不一樣，用人不能首先看他的缺點，應該把注意力集中在一個人的優點上，先看他能勝任什麼工作。這樣做才是知人善用。

有些下屬善於研究，不善於交談，他們不會主動與人交流，別人問一句答一句。他們不喜歡熱鬧地方，而愛清靜自處，生活中欲望淡泊。如果讓他們從事公關之類的工作，他們的確不稱職，可是如果讓他們往自己感興趣的領域鑽研，也許就會成為某一領域的專家。

還有一類下屬，做事循規蹈矩，缺乏主見和判斷力，不敢越雷池一步。如果要他們發明創新，顯然不適合，可是他們遵守紀律和規章制度，不容易脫軌，這就是他們的優點，如果讓他們從事保管類工作也會很稱職。

人的幹勁和潛能無限，只要環境條件適宜，他們的才能自然會生根發芽，開花結果。因此，要為他們配置合理的職位，讓他們的才能早一天破土而出。

第六章　讓每個員工都人盡其才

▶ 性地用人之長

理性地用人之長就是要透過一套系統性、可量化的方法，比如測試人的性格、智力、情商、能力等方面，合理分配人的能力與工作任務。簡單的工作由能力較低的人去做，複雜的工作由能力高的人去做，並且不斷培養能力較低的人，使其能力得到提升後可以做複雜的工作。這種方法正為越來越多的企業所接受。

用人之長是一件對員工個人、管理者和企業都有利的事情。對員工來說，能夠發揮自己的特長有利於建立工作信心，也有利於自身能力的不斷改善和提高；對管理者來說，準確發現和發揮員工的長處，有利於管理品質的提升。這不僅是管理者組織能力的表現，也是其高瞻遠矚、決勝未來的品質和胸懷的表現。

突破重重框架

有些主管在用人的過程中過於死板，嚴格遵守規章制度，不敢越雷池一步。明知道有些員工能力突出，可是因為他們不符合選拔的標準，或者有這樣那樣的缺陷，不敢大膽啟用，這樣做也會給企業造成一定的損失。

失去不可多得的人才會貽誤企業的發展，在用人上總是論資排輩的主管應該轉變自己的觀念。

在這方面，電視劇《喬家大院》中喬致庸的人力資源管理之道，對現代企業人力資源管理仍然值得借鑑。喬致庸用人不拘一格，不會先按學歷、工作經驗等僵硬標準來用人，也沒有按照出身、資歷，而是不拘一格任用人才。

他聘請的孫茂才，是一個趕著毛驢賣花生米的外姓落魄秀才，這看來似乎不可思議，一個落魄秀才能有多大本事？如果有本事，還會這麼落魄嗎？但喬致庸不是這麼看，他認為孫茂才腹有詩書，見識非凡，因此在很多時候都聽從這個怪人的逆耳忠言。結果證明，喬致庸前期的成功，要大大歸功於足智多謀、深謀遠慮的孫茂才。

喬致庸最經典的行動，當數他能夠大膽地將一個小小員工「臭跑街的馬荀」破格提拔為包頭復盛公的大掌櫃。包頭復盛公是喬致庸的爺爺當年一手創辦的企業，喬致庸沒有從山西老家召喚喬家的人來經營，而直接從最基層破格提拔優秀業務馬荀。馬荀幾乎是個文盲，連自己的名字都寫不好，而且馬荀在喬致廣當家時代只是一個打雜的。

但喬致庸看重的是他的才德。馬荀對商號、老闆無比忠誠。再者，他有遠大志向。一字不識的馬荀，卻能描繪策略構想，這在別人看來異想天開，甚至荒唐可笑，喬致庸卻從中卻看到了他非同一般的志向。

當時，包頭各商號欺矇客商、任用私人，破壞了商號的形

第六章　讓每個員工都人盡其才

象。喬致庸決定大刀闊斧對此進行人事變更，打破常規，把馬荀直接從夥計提拔成大掌櫃。這次的破格提拔，即便放到今天也有驚人的膽略和氣魄。

　　正是因為喬致庸勇於不拘一格，大膽使用人才，讓本來瀕臨破產邊緣的喬家商號死而復生。經過喬致庸的勵精圖治，終於讓商號轉危為安。

- **突破偏見**：要不拘一格用人，也需要突破偏見。

  在實際用人的過程中，由於主管們愛好習慣、個人眼光局限等原因，在用人時存在某些偏見，對於自己看順眼的人提供更多機會，對看不順眼的人百般挑剔苛刻。這種用人觀對於員工來說不公平，對企業發展也不可取。重用人才需要客觀公正，不能憑主觀臆斷。

- **從本質上看人**：主管都希望重用那些德才兼備的人，但現實生活中往往魚與熊掌不可兼得。品行令人稱道、能力又突出的員工實在不多，常常不是品行過關能力略差，就是能力過關但品行較差。此時，能夠長久任用的一定要是以德為先之人，因為此類員工才會發自內心熱愛和忠誠企業，只要其在某一方面確實有優秀之處，就可以重用。至於那種品行不端、素行不良的員工，即便能為企業作出很大貢獻，也需要限制任用。一旦發現他們會對企業造成危害，再有能力也應該將他們果斷地剔除。

- **從大節上看人**：在人才的使用上要從大節看人。

  在喬家大院裡，喬致庸雖然重用了孫茂才。可是後期，孫茂才的金錢欲望日益膨脹，與喬致庸的分歧越來越大 —— 孫茂才的目標就是做生意賺錢，在這個目標的驅動下不惜違背道德規範。而喬致庸嚮往的卻是做對國家有利、對百姓有利的事，當喬致庸看到孫茂才在大節上無法與自己相容時，便與之決裂了。

- **寬容、包容用人**：在企業中，有些員工儘管具有明顯的優點，可是他們的缺點也十分顯眼。比如今天剛表彰他富有創意，明天就可能遲到早退。對於這些大錯不犯、小錯不斷的員工應該怎樣看待呢？

  如果對人太苛刻，千方百計挑毛病，就無法找到適合的人才，最終只能是水中撈月一場空。

用人多數是要用別人的長處為自己服務。既然要用對方的長處，那麼在其他方面就不能太求全責備了。至於一些小節問題，可以提醒他們加以注意，用嚴格的紀律來約束他們。一旦觸犯紀律也可以懲罰他們。這樣做也是為了幫助他們成長。

總之，在人才的選擇中，要從市場經濟的需要出發，考察員工才德，按照公平原則，破除部門界限，破除論資排輩的思想，建立不看年齡看本領、不論資歷看能力的觀念，把合格人才大膽提拔到主管位置上。對於才德兼備的人才，要長久、全

面、全心全意地任用；有能無德的可以謹慎使用。如此才能促進人才合理流動，形成人盡其才、才盡其用的可喜局面，同時也可以保證企業的利益不受損失。

選擇自己的得力幹將

在選人用人的過程中，大多數主管內心都想為自己選擇合適的搭檔，以及得力的左膀右臂。如果能夠找到那樣的人，主管的心情會十分愉快，工作也會感到輕鬆無比。

可是，要找到這樣的人應該注重哪些方面，以什麼為標準呢？選拔副手並沒有一定的標準。但是可以從你需要什麼樣的副手開始考慮。是富有創造性、天馬行空、標新立異，還是小心謹慎、聽命於自己？希望和自己互補、相得益彰，還是互相獨立、並行不悖。

一般來說，主管選拔副手都是為了配合自己工作。副手的性格愛好並不是重點，畢竟他需要聽命於自己，兩人互相配合，副手的能力和處世風格才是重點。

如果下屬中有人是通才型人才，知識廣，基礎深，有很強的判斷能力，善於站在策略高度去深謀遠慮。那麼，這樣的人無疑是領導的人才，如果讓他們當副手配合自己，他們會甘心嗎？他們的眼光可能在更高遠的地方，即便當副手也是暫時的

過渡。在選擇自己的助手時，這也是要仔細考慮的因素，雙方必須相互認可才行。

有一類人才很適合當副手，就是補充型人才。該類人才又分為兩種：一種是在性格和處世風格上與主管互補；另一種是在能力上與主管互補。他們甘願當配角，做一些「救火」或者善後的工作。能發現任用這樣的人，就可以保持長期穩定的合作關係。

王先生是某出版公司企劃部的主管，不但口才好，文筆也令人稱道，形象也很灑脫，令人想不到的是，他的助手其貌不揚、憨厚篤實，一看就不是那種精明能幹的人。大家實在不懂王主管為什麼選這樣的人，簡直太不搭了。

朋友閒聊之中，有人禁不住好奇地問，王主管為什麼不選一個能力超群、才華洋溢的人做自己的助手？王主管淡淡一笑，說：「那樣的人才固然好。可是他們多不安分，總是這山望著那山高。一流人才不好留，我乾脆選用那些腳踏實地的中等人才，更有利於公司穩定發展。」

原來如此。雖然王主管說的未必全有道理，但也從另一個角度揭示了管理者選擇副手時的多重考慮。

勵志類的書籍上常見的一句話是「適合的就是最好的」，選擇副手也需要認清自己與所領導部門的條件，選擇那些適合自己、心甘情願配合的。

第六章　讓每個員工都人盡其才

　　一般來說，主管選拔人才還要考察對方的品行，比如，誠實守信、言出必行等。這樣的人才讓人感到踏實放心，可以託付重任。

　　趙國的大夫趙簡子在為自己的接班人大傷腦筋。他有兩個兒子，不知應該選擇哪一個做自己的繼承人。

　　他想來想去，決定暗中考核他們兩個，把兩個兒子召到自己的面前，拿出兩塊竹簡說：「這是我平時對你們的教誨，你們千萬要牢記在心！」

　　「多謝父親，我們一定牢記在心！」兩個兒子說。

　　轉眼幾年過去，一天，趙簡子問兩個兒子：「三年前我要你們記牢竹簡上的內容，今天要考考你們了。」

　　大兒子聽到後有些驚慌。他以為父親早就忘記這件事了，沒想到父親此時居然要考他們，於是低著頭小聲說：「我實在記不住了。」

　　「竹簡呢？」趙簡子又大聲問道。

　　「我……我一時想不起放在哪裡了。」大兒子不敢隱瞞，如實說了。

　　趙簡子又問小兒子：「你呢，也是這樣嗎？」

　　沒想到小兒子把竹簡上的內容一字不漏地背給父親聽。趙簡子聽後點點頭說：「唔，你的記性還好，竹簡呢？」

　　「孩兒隨身帶著，不敢片刻懈怠。」小兒子說著從衣袖中拿出那塊竹簡。

趙簡子沒說什麼，但他已經決定立小兒子為自己的繼承人了。

當然，選擇德才兼備的助手是最優策略。若不能二者兼得，也勿重才輕德，因為他們是自己的助手，而非提拔任用普通員工，德行一定要令人稱道才可託付重任。否則有能無德，只能任用一時，自己還得確保有能力駕馭他才行。

考核提拔具備領導能力的員工

識人用人的目的就在於培養典範，提拔、表揚一批員工，讓他們在團隊中達到激勵的作用。如果這些人中有具備領導能力、可以擔當重任的，更是主管應著力培養、加以重用的對象。

但是主管在提拔員工時，往往根據自己的喜好來定奪。比如，主管喜歡「快刀斬亂麻」的人，他就喜歡提拔那些辦事乾脆俐落的員工；主管是豪爽大方，不拘小節的人，就看不慣那些小心謹慎、唯唯諾諾的員工；主管是穩妥的人，對毛毛躁躁的就看不慣，寧可提拔審慎小心的員工；主管愛出風頭，好面子，就不喜歡那些踏實苦幹的員工……他們將此解釋為志同道合，脾氣相投。可是這樣做的結果，很可能讓別有用心、善於偽裝自己的人偷得機會，而使那些性格與主管不合，卻具有真才實學的人抑鬱不得志，因為無用武之地而選擇離開。

第六章　讓每個員工都人盡其才

　　因此主管在提拔員工時千萬要記住，上司委託你提拔員工是出於團隊的發展考慮，是為了發揮員工的才能，而不是發展自己的個性。因此不能以自己的喜好而定，要把注意力集中在員工曾經做出的工作業績、在他們是否具備領導特質和領導能力上。誰符合標準，誰就是應該提拔的候選人。這才能公正說服眾人，避免員工間鉤心鬥角。

　　要識別哪些員工具備領導特質和能力，可以透過他們的言行來判斷。俗話說：言為心聲，可以員工的言談觀察。

　　比如有一種下屬在平時的談話中總是以有理有據的方式，講求邏輯，說得周圍的人心服口服。這種人思路清晰，看問題能抓住本質，可託付重任。

　　有一種下屬，當發現對方聽不進自己說的話時，會立刻轉換話題，或用迂迴戰術，先說些對方愛聽的話，找到對方感興趣的話題，取得對方的好感後再逐漸地回到剛才的話題上來。這種人容易博得大家的好感。他們會察言觀色，判斷能力和適應力兼美，比較適合在公關、行銷等部門大放光芒。

　　還有一種下屬，在和他人的辯論中總是爭強好勝，說得別人啞口無言。這種下屬是依靠犀利的語言戰勝對方的。他們是業務、外交、法律界的好手，適合在以上部門當副手。但是如果擔當正職，可能並不太合適。因為他們只注意表現自己，忽略了他人的感受。如果在企業內部表現過於激進，有時還會引起同事的反感。

考察員工是否具備領導特質，還要看他們是否具備熱情、友愛、善良、感染力、自信、意志堅強等人格魅力。如果員工自願地愛戴他們，他們就具備了當主管的基本特質。

除了透過以上方式考察員工的能力外，還要對他們的德行進行考察。才德兼備可以說是企業選人用人的共性。因為這些員工可能是領導者的候選人，如果他們的道德品格有問題，輕則破壞公司內部和諧，引起員工之間的衝突，重則可能洩露部門的重要資料、檔案和客戶資料，對公司造成破壞。因此，除了對他們的才幹、謀略和膽識進行考察外，還需要考察他們的品德和修養。比如，是否胸懷寬廣、為群體著想，是否處事公正，以及對公司價值觀的遵守和執行等。這些也是員工支持他們的基礎。

當主管們透過考察發現具有領導潛能的員工後，要對他們進行一段時間的培養，比如鼓勵他們公開發表自己的觀點和建議，此舉是為了增強其他員工對他們的重視的必要手段。適當讚美他們的工作，對他們額外的貢獻給予讚賞鼓勵，這樣他們會感到自己被重視。推薦他們就讀有所幫助的課程，幫助他們提升自己的能力。

透過考察他們業績、能力和品德等方面的表現，發現他們確實具備領導特質後就可以加以提拔，讓他們成為大家的榜樣和表率，使部門員工在他們的帶領下提高能力。

人才互補，組建最能幹的團隊

每個主管都希望自己的團隊是最能幹的，那麼，要怎樣合理搭配才能達成此目的呢？一律任用名校的畢業生或者各行業有能力的專業人才，就能達到目的嗎？

其實，能力優異的員工雖然工作做得很出色，但往往會抱怨薪資低、工作環境不稱心如意等，才能平凡的人卻會心存感謝，因滿意自己的工作環境而認真工作。由此看來，僱用能力優異的員工有時反而不如用中等人才。

松下幸之助在構建團隊方面就是按照這樣的原則使用人才的。在松下電器製作所創業初始時，僱用的職員很少有高中生，大多是小學畢業生，直到西元 1934 年，松下才首次聘用了兩名專科畢業生。

這是為什麼呢？那些低學歷的雇員能勝任嗎？

松下幸之助當時這樣選擇的原因，一是當時的高等教育不夠普及，能供應的高學歷人才不多，二是當時製造產品不需要太高的學歷，只要求雇員聰明、肯幹、有責任心，能勝任本職工作即可。因此，松下先生招兵買馬的第一條，就是不一味追求高學歷菁英。

松下先生曾經講過這樣的話：「世上沒有十分圓滿的事情，只要公司能僱用到六七十分的中等人才，就是公司的福氣，何

必非找一百分的人才不可呢？」他認為頂尖人才很自負，思想包袱影響能力發揮；而具有70％才氣的人往往更能安心工作，因為專心，當然也能很快勝任工作。這就是松下的團隊人才搭配法。

在當前的企業中，較為普遍採用的是這樣一種人才搭配模式：一部分具有豐富的知識、充沛的精力和強烈的進取心，但缺少經驗的社會新鮮人；一部分受過良好教育，知識廣泛，接受新事物能力強，有一定工作經驗的青年；一部分具有一定經驗，工作穩重，可是瞻前顧後，工作熱情及信心顯然不如年輕人的中年人。

在這樣的團隊中，主管們是這樣做的，放手使用第二類人，激發他們的主動性，充分發揮他們的聰明才智，讓第三類人輔導對畢業生、新鮮人，解決企業內部人才斷層的現象，不僅節省培養人才的大筆費用，而且促使他們更快成長為第二類人。

這些主管的用人之道就是人盡其才，讓每一個員工都發揮作用。雖然員工不一定是最好的員工，但這樣搭配一定可以把工作做得很出色。

這些用人之道，不僅在無名小企業中存在，中等規模的企業中存在，就連許多知名的大形企業，也常常強調人才多元化，而不是一律任用高學歷菁英。

IBM 就希望組成多元化的團隊，以此支援客戶多元化的需求。IBM 招聘的一部分人是有經驗的，比如大客戶管理人員、高階技術人才、高階顧問、專案管理人員、專業經理人等，而另外一部分人是剛畢業的大學生。這也是人才多元化的一種體現。

他們認為大學生沒有太多的工作經歷，沒有學過管理、專案諮詢，這沒有關係，重要的是他們需要了解這些人能否成長為公司未來的支柱。

要考察他們是否具備走入社會的心態，在培訓的過程中就看他們是否適應公司的文化、能否不斷接受新事物、是否具有團隊合作能力。畢竟，IBM 未來大量需要具備一定工作經驗的高階技術和管理人員。

由此看來，團隊的人才搭配要與公司的發展目標一致，應充分考慮公司能夠承受的人力資源成本，絕對不能盲目追趕時尚。本來只是小規模、生產傳統產品的行業，卻硬要匯聚技術菁英、留學生、博士，在人力資本投入太多，收益轉化卻有限。

還是回到那句老話：「適合的就是最好的。」能做到大材大用固然好，但小材也可大用，只要給他們鍛鍊、施展的機會，小材也可以成為大材。這與領導者有沒有從企業發展的長遠目標考慮，及他們本身有沒有用人的魄力很有關係。

第七章
管理好團隊每一個小兵

與人相關的工作最難做。主管不僅要管事更要管人。管理者最大的成就是，構建並統率一支具有強大戰鬥力與高度協作精神的團隊。可是，員工來自五湖四海，性格各有各樣，要管理好這些員工並不簡單。有些人自我管理能力較強，管理起來可能不用多費心思，可是，也有一些「問題員工」，對這部分員工的管理難度就比較大了。

　　此時，如何處理與「問題員工」之間的關係，如何應對由這樣的人引發的內部衝突，對於主管來說是個挑戰，也是對自身管理能力的考驗。如果無法制伏這些難纏小子，自己就會受他們壓制。這當然是主管所不希望的結果。

　　可是，那些管理能力出神入化的主管們，不論什麼樣的問題員工，他們都能擺平。他們掌握了管理這些問題員工的方法、技能，能最大限度地消除其負面影響，並且使其缺點轉化成優點。這種神奇的智慧和本領確實值得各位因管理員工困惑的主管學習。

恃才傲物的下屬這樣管理

　　幾乎每家企業裡，都有狂妄自負、不把任何人放在眼裡的人。這些人有一定的工作能力和經驗，甚至具有一定的號召力和影響力。這些也許就是他們自傲的資本。因此，他們常常特立獨行、愛出鋒頭、不拘小節、自由散漫、不遵守規章制度

等。因為他們認為上司不如自己，所以常常不服從指揮。這樣
的人常常令其主管頭疼。

怎樣管理這些恃才傲物的人才，讓他們認知自身的缺陷和
不足呢？

- **沒必要自卑**：主管在這些恃才傲物的人面前可能會感到自
  卑，因為自己在某些方面的確比不上他們，其實這完全沒
  有必要。身為管理者，需要的是統籌管理的能力，在單一
  專業能力上比不上下屬也很正常。下屬之所以恃才傲物，
  是站在員工的角度考慮問題，但他之所以還是下屬，就是
  因為他還有所欠缺，或者某些方面能力強，但總體能力不
  夠全面。如果讓他做主管，恐怕換他感到自己能力有限，
  不會再恃才傲物了。

- **給他挑戰性的工作**：也許下屬愛自作主張，甚至故意拆臺，
  認為上司限制了他的出路。如果是這種情形，就要給他挑
  戰性的工作，讓他的潛能最大限度發揮、才華得到充分施
  展。這樣他們完成後會有滿足感，也會因此感激上司。

- **有意用短，挫其傲氣**：俗話說「金無足赤，人無完人」，恃
  才傲物者也並非萬事皆通。因此，如果他們氣焰太囂張，目
  中無人，可以設法讓他們明白自己的不足。比如，為他安排
  一兩件他比較陌生、做起來比較吃力的工作，並且要求限時
  完成任務，因為他們常常眼高手低，即便完成也會感到很吃

131

力，難以完成，就會看到自己的不足之處。這樣也可以讓他們有自知之明，恃才傲物的個性才會稍稍收斂一些。

- **釜底抽薪**：有些人之所以恃才傲物，是因為他們手中握有部分重要的資源，認為公司離開他會蒙受損失。比如，業務部擁有許多客戶的員工，如果公司不任用他們，客戶開拓就會受影響。對於這些自認為擁有獨特資源的人，可以將他們手頭的資源架空，或將其資源進行重新分配，釜底抽薪，使其擔任虛職。這樣也可以讓他們目空一切的心理稍有收斂。

- **用制度約束他們**：因為這些人常常不拘小節，不服領導者，因此有必要用制度約束他們，特別是在他們不以為意的方面用制度去管理他們。

- **加強溝通**：因為看不起領導者，這些人通常很少和上司溝通，作為他們的上司卻要時時注意和他們交流。這樣做，一是為了保證工作效率，二是為了及時了解他們的動向，防止產生誤會。比如，他們有時遲到，也許並非故意不遵守規章制度，而是家中急事或者身體健康問題等引起的。因此，要多與之交流，力求達成共識和引起共鳴，防止因互不了解而產生麻煩和損失。

- **讓團隊成員見賢思齊**：這些恃才傲物的人往往控制不住自己的表現欲，過分張揚，他們不僅對上司如此，對同事也

會如此，因此，往往容易招致其他員工的嫉妒。如果偏愛他們，他們可能受到多數員工的攻擊和孤立，但如果順應其他成員的心理，這些能人又會離開團隊，使部門的效益受損。如果上司有意為難、壓制，他們更會直接走人。此時應該怎麼辦？

妥善的解決辦法就是引導他們為人低調一些，少說多做。除此之外，還要柔和委婉地說服他們改正缺點。同時也要教導其他員工勇於追趕，讓他們明白企業講求效益，引導團隊形成積極進取的健康氛圍，促使更多能人湧現。

- **包容和寬容**：無論如何，對待這些恃才傲物的人要包容和疏導，而不能壓制打擊。作為領導者，能夠接受「恃才傲物」的下屬，本身就是一種胸懷、一種氣度的表現。

輕鬆駕馭資深下屬

在任何企業中，都有一批資深員工，他們中有些人仗著在企業工作時間長，不把任何人放在眼中。

這種人在員工中可以稱得上是意見領袖，因為他們具有一定的影響力，不論他們的行為對錯，大部分員工都會馬首是瞻。不追隨他們的甚至還會受到打壓。

某公司由於承攬了海外業務，欲在當地設分部，派誰當分部主管成了人力資源的頭等大事。總經理考慮到年輕的小黃英

語能力較好，可以直接與當地相關部門溝通，而老徐年齡已近五十，又不懂英文。而且海外施工需要很強的精力，派年輕的管理人員更合適，於是就順勢提拔他為主管。

這下，志在必得的老徐工作在行為上出現了一些變化，態度明顯變得非常驕橫，不僅粗暴地對待小黃，對基層員工的態度更為放肆，動輒大聲喝斥下屬，特別是對人力資源部門的人員，總是陰陽怪氣。

有一次，他在公司召開的管理人員大會上公開說：「有些部門用人完全是憑主觀印象，以後我們部門的事情不用其他部門插手，我們自己可以搞定。」這讓在座上司和其他部門的管理人員都非常氣憤，小黃作為主管也感到十分尷尬。可是，因為老徐是公司最資深的員工。大家也沒多做反駁。

總經理見狀提醒老徐說話前多想想，可是老徐索性破罐子破摔，更加不留情面。不少人向小黃抱怨老徐的態度讓他們極為難受，小黃也感到左右為難，老徐連公司總經理都不放在眼裡，一個升遷不到半年的小主管又能把他怎樣。為此小黃陷入困境。

那麼，遇到這種情況，主管應該如何駕馭倚老賣老的下屬呢？

▶ 接近而非躲避

部門中有倚老賣老的下屬，應該算是一種正常現象。這些資深下屬架子大，什麼人都不放在眼中，如果自認遭遇不公平

待遇，脾氣更大。許多主管想著惹不起躲得起，都盡量迴避他們。這樣做是不對的。

老資格下屬之所以怨氣沖天，就是為了發洩。如果躲避他們，他們的疑心更大，以為你暗地裡動了手腳。因此，主管必須以積極的態度，靠近那些倚老賣老的下屬，傾聽他們的心聲，盡量幫助他們解決問題。即便像升遷這類問題自己無法解決，但是關心問候、噓寒問暖，也可以使他們失衡的心理得以平衡。

▶ 大膽管理

資深下屬也是下屬，即便他們是自己的搭檔和副手，也是要受主管領導的，因此，對於他們要大膽管理。如果不敢管理，其他員工以為你欺軟怕硬，切不可因不願管、不敢管、不會管等，而對其疏於管教。

當然，管理倚老賣老的下屬需要格外精心，以尊重和關心的方式表現出來，這樣才不會引起他們的反感。

▶ 顯示出自己的威嚴

倚老賣老的下屬，由於經歷較豐富，常會有意對主管出難題。即便他們無意中做錯了事情，往往也會強詞奪理，尋找種種理由為自己的過錯辯解。

此時，主管要表現出自己的威嚴來。平時與他們要保持一定的距離，更不可輕易接受他們的饋贈。交辦工作語調要嚴

肅，批評他們時，要有理有據。唯有讓對方感到自己公事公辦，一派威嚴，他們才能在行為上有所檢點。

▶ 及時培養接班人

那些下屬之所以倚老賣老，就是因為有些事情離開他，別人都做不了。對此，主管必須及早培養一批上進心較強的頂梁柱，以便在下屬要脅自己時能及時替補，一方面有利於提高部門業績，另一方面又能使那些故意擺架子的下屬失去效用，打擊他們囂張的氣焰。

總之，作為一名主管，既要有「將野馬馴化成良駒」的管理藝術，又應該有容人之過的度量。對以上下屬，切不可記恨他們，當他們遇到困難時仍要及時伸手援助。當他們體會主管到真誠的關心，自然會有好的表現。管理好他們，不僅教育了其本人，還會產生連帶效應，教育引導其他下屬。

正確看待愛拍馬屁的員工

「拍馬屁」一詞於大家並不算陌生。通常人們理解的拍馬屁，就是下屬討好、諂媚、奉承上司或者位高權重的人的意思。因此，人們對善於拍馬屁的人通常都沒有什麼好感。

既然是如此，為什麼還有人冒天下之大不韙而樂此不疲呢？

　　據拍馬屁者訴苦，他們本不想拍，可是「批評上級，官帽不保；批評下級，選票減少」。不拍上司的馬屁，惹上司不高興，他們會對你心存芥蒂；得罪下級，互評時一定會評下不滿意，進而影響自己的前途和升遷。因此，他們只能兩面討好。

　　在主管身邊總會有一些喜愛拍馬屁的人，儘管公司並不提倡這個做法，但是他們就是善於此道、情有獨鍾。那麼，主管作為領導者，應當如何對待拍馬屁的部屬呢？是橫眉以對、怒斥他們的品行，還是不動聲色地默許，暗自覺得開心？這就要分析拍馬屁者的動機和原因，視不同場合、不同人品、交往深淺而定，不能一概而論。

　　如果是兩人私交甚好，下屬在尷尬的場合，為了維護上司的面子，則情有可原。

　　如果一向疏遠的部下突然十分熱情、頻繁地拍馬屁，而且還越演越烈，就要小心了，也許他們別有用心，想要達到什麼目的。

　　在這種情況下，如果主管像掉進了蜜罐子一般被捧得暈頭轉向，就會為別有用心的人露出破綻，造成企業規則的破壞。比如在選舉、任用、重要決策等重大問題上，就可能會出現黑箱操作，破壞規則，損害公正性。

　　有些時候，拍馬屁的人不一定別有用心，他們只是把這看作一種和領導者對話的方式，因為每個人內心深處都渴望得到

別人的認同和尊重。他們沒有想到下屬一味讚美上司也會引起其他人的反感，因此要引導這樣的下屬讚美其他所有人。

比如，要求他們把送給上級的溢美之詞，轉移到與同事的來往中，發掘每一個人身上的優點，對同事取得的工作成就要立刻表彰，對他們的優點和個性也可以恰如其分地「拍一拍」。這樣做，就會在「拍」上司與「拍」同事之間找到一種平衡，這樣的拍法，也能讓大家舒服，認為他是一個善於挖掘優點的人，而不會認為是只會討好上級的馬屁精。

總之，要讓這些愛拍馬屁的員工明白，所有人都有可讚美之處。只要真心讚嘆，就不是拍馬屁。當然，還是應該把精力和時間用在提高自己的能力上。畢竟，能力才會說話。

對業績平平的員工打氣不洩氣

每個企業中都會有一些從來沒有特殊成就、業績平平的員工。他們沒有出眾的業績，不是因為他們偷懶，而是因為他們自身的能力較弱，就像學校那些十分刻苦用功的學生一樣，雖然勤懇忠厚，可是成績總是提不上去。

員工業績平平影響的不僅是自己，當然也有企業的發展。那麼，主管應該怎樣幫助這些低績效員工提升自己的能力呢？

▶ 給他們信心

也許這些業績平平的人也有上進心，可是在連二連三的打擊後，別人對他們不再抱有希望，他們自己更不敢有所奢望了。此時，主管不能拋棄他們，要給他們充足的信心。

有個老伯，家中有個獨生女兒，長得不漂亮還很懶惰，到了該出嫁的年齡還沒有人迎娶。當地有一種風俗，將求婚用牛的數量與出嫁女性的價值直接連結，最賢惠漂亮的需要九頭牛，老伯想著自己的女兒太不爭氣，標準便降低了，哪怕別人給兩頭牛他也願意答應。

沒想到有一天，一個外地的青年前來對老伯說：「我願意用九頭牛娶你女兒。」老伯一聽，以為這個外地人對女兒有什麼誤會，沒有輕易點頭，可是年輕人很認真，幾天後真的牽來了九頭牛。

老伯喜出望外，就把女兒許配給他。雖說女兒結婚了，可是老伯心中七上八下，既擔心女兒被休，又擔心女兒受氣，老伯寢食難安，決定去遠嫁他鄉的女兒家中看個清楚，否則難以安心。

當他到女婿家中時，令人意外的是，女兒不僅會做美味佳餚，還變成了知書達理、氣質脫俗的女子。老伯十分驚訝，偷偷地問女婿：「你是怎麼把她教得這麼有出息的？」女婿回答：「我可沒做什麼，只是始終堅信你的女兒值九頭牛的聘禮。她嫁過來後，也一直按照九頭牛的標準來做妻子。」

原來如此。老伯想起以前自己對女兒的消極態度，十分

後悔。

　　每個部門中都會有一些像老伯的女兒這樣的員工，如果主管對他們喪失信心，他們的進取心也會直接受挫。因此，不可遺棄、冷落他們，而要適當地激勵，這樣也許會收到意想不到的效果。

▶ 給員工平行調職的機會

　　那些業績平平的員工雖然在原職表現得並不出色，可是在其他職位也許就會表現優異。每個人的能力總是有限的，可以根據他們的喜好和專長，給他們平行調職的機會，讓他們學習不同的知識，以發揮自身技能。平行調職，也是幫助員工探索與發展自身能力的良好機會。

　　這對員工了解公司、了解他人很有幫助。員工到了不同的部門，由於還未背上部門既有框架，有時還能提出一些非常新鮮、視角獨特的建議。也許在做好這些工作的同時，他們的自信心就建立起來了。其他人也會發現他們有價值的一面，重新看待他們。如此，他們不僅換了工作，也贏得了他人對自己的認可。

▶ 搭建交流管道

　　越是業績平平的員工，越需要學習他人的先進經驗。因此，主管要積極為他們搭起互相交流的管道。如果員工彼此的經驗、體會和想法能夠交流與分享，對員工的成長與學習也是

很有利的事情。現在有不少的公司在做「交流午餐」、「每週一聚」等，都很有效。

▶ 整合技能

那些低績效員工之所以業績平平，是因為他們在某一方面和其他員工相比不占優勢，可是，如果他們所擁有的資源、技能進行整合呢？那樣他們的綜合能力增強，就能戰勝能力單一發展的員工。

在每個員工的發展道路上，都會遵循這樣的原則：有50%的發展來自於他自身的工作；有40%來自於周圍同事、老闆、客戶、他接觸的人的幫助；有10%來自於他參加教育訓練、研討會掌握的知識與技能。如果我們把這些員工每天掌握的資源整合起來，你會發現，即使是一個再不起眼的員工，也擁有一大筆資源財富。這些財富對他的成長有著不可限量的作用。

因此，主管要學會整合他們的能力和資源，換個角度任用、評價他們，這樣做比單純的管理手段和績效考核方式，更能鼓舞他們的信心，幫助他們發展。

個性員工個性管理

不論部門大小，員工們都各具特色，特別是在這個提倡個性的時代，員工們的個性更是既繽紛絢麗，又讓人感到無可奈何。

比如，現在很多年輕的員工追求時尚，頭髮經常染得五顏六色，穿著更是特殊大膽。如果加以批評，他們會認為上司是「老古董、跟不上時代」。

一般來說，個性員工是指企業內具有以下表現的員工：一是性格怪異、喜歡劍走偏鋒；二是特立獨行，如著裝、打扮過於另類；三是過於自我，置企業規章制度於不顧；四是情緒忽冷忽熱等。比如，有些員工性格衝動，為一點小事就和他人產生衝突；有些員工因為看不慣某些上司，索性我行我素、拒不合作，也不願意接納上司任何意見。也許不等老闆炒他們，他們先「炒」老闆等。

為此，主管們感嘆：員工越來越難管理了。特別是對於那些個性員工，不知應該管還是不管。應該怎樣管？

因為很多個性員工都是有能力的員工，而企業又很需要他們的才能，所以，主管對個性員工既「愛」又「恨」。

其實，主管們大可不必為遭遇個性員工而煩惱。任何一名員工都有其個性，只不過作用不同、表現形式不同。如果我們換個角度，重新審視員工所表現出的個性就會發現，其實有些個性並不會破壞企業團隊凝聚力。從某種意義上來說，正是因為有千姿百態的員工存在，才使企業沒變成死水一潭，更加具有創新性和活力。

主管需要對個性員工進行分析，根據他們個性的表現方式

與影響，再擬定管理手段。

　　首先來分析員工個性表現的原因。一般來說，員工之所以要表現自己特立獨行的個性，一是因為個人習慣所致，比如，員工天生愛漂亮、打扮等；二是因為工作環境導致；三是員工對企業喪失了信心，覺得公司沒有值得留戀的地方，於是在言行表現上就顯得毫無顧忌。

　　如果是因為個人習慣所致的個性表現，這類個性就要根據企業經營類型進行管理，不能一概而論。比如廣告公司、企劃公司等，對著裝打扮的標新立異就不太苛求，反而認為是員工敢發想、有創意的表現。而在其他一些較傳統、保守，注重規章的公司，如金融業等，管理者就會認為與公司的制度、文化相衝突，有需要加以引導和約束。員工的個性也是有「彈性」的，如果沒有約束，員工可能就表現較為散漫，如果有約束，員工可能就收斂一些。

　　如果是因為工作環境產生的個性表現，這種情況下比較容易「診治」。比如，一些員工總是加班，身心疲憊，可是上司又不理解他們。員工就會牢騷滿腹，某些個性可能也會表現出來。此時，只要改變工作環境，就有可能使員工歸於常態。比如，關心員工的個人生活，在工作的同時解決員工的後顧之憂，比如為有子女的員工提供育兒協助等，減少他的煩惱，提高員工的個人滿意度。

第七章　管理好團隊每一個小兵

　　如果是因為對企業失去信心而表現得毫無顧忌，或許是企業缺乏激勵、缺乏凝聚力，或者企業前景黯淡。主管不能只是批評斥責，要學會為個性員工做心理建設，幫助他們重拾信心。如果企業經營確實不佳，就放手讓那些個性員工尋找更適合的位置。

　　另外，管理個性員工時主管要起到帶頭的作用，尤其在遵守企業規章制度等方面，必須率先垂範。比如有些公司要求員工上班必須著制服，但主管卻一身便裝，這對員工就很難有說服力。因此，主管平時要注意自己的言行，做企業內部遊戲規則的遵守者，不能把自己獨立於員工之外。

　　總之，主管在管理員工時一定要明白，優秀的公司是培養員工的好學校，因此要保持一定的耐心去實施「改造計畫」，幫助他們改造自身的不良習性，而不是簡單粗暴地對待。另外，更要注意根據每個員工的特點，採取機動靈活的方式，激發其潛能，這樣做才符合以人為本的管理思想。

第八章
巧用批評，增強執行力

第八章　巧用批評，增強執行力

　　主管作為領導階級，當下屬在工作中出現錯誤，或者違反規章制度時，難免要請他們改正。雖然主管的目的是幫助員工了解錯誤、改正錯誤，可是以訓話的方式卻費力又不討好。

　　因為很少有人會心甘情願接受批評，而且方式不當也達不到效果，還會招致員工反感。

　　鑒於這種情況，主管們更需要掌握一定的訓話技巧，巧妙運用批評的方式，以增強執行力，達到教育員工、幫助成長的目的。

批評要點到為止

　　有些主管為了顯示自己的權威，在教育員工時總是新仇舊帳一起算，不把對方批評得體無完膚、狗血淋頭不肯罷休。

　　比如，某公司的一位員工經常遲到，上司如果當面對他說：「你是怎麼搞的，一個星期遲到三次，全公司的人哪一個像你這樣。你如果不想做，早點捲鋪蓋走人，上星期早退我還沒跟你算帳。」結果，員工本來想改掉自己的毛病，卻因為主管狂轟濫炸，不留一點餘地，乾脆就破罐子破摔了。

　　如果教育員工是用這種方式，怎能達成作用？

　　也許有些主管認為，這不是為了警示員工嗎？如果只蜻蜓點水、小小究責一下，能達到目的嗎？

　　大多數員工都有自尊意識，他們懷著愉快的心情來上班，

並不是為了接受責罵。即使他們做出了諸如遲到這樣的事情，恐怕也不是有意為之，如果他們不想做就會辭職，不需要用這種方式消極怠工。

如果主管只以管理者自居，居高臨下地教訓一通，那麼絲毫沒達到教育的意義。對下屬亂罵一通，領導者的威信也無法建立，只會讓員工對自己滿懷怨憤。這種教育方式也展現主管沒有掌握領導的藝術。

在指導員工時，要考慮到他們的自尊心，語氣要委婉和藹，不要使用過分刺耳的字眼。比如「真是死皮賴臉！明明你錯了，還不肯承認嗎？」用這種教訓的語氣來批評，沒人願意接受。此時，假如主管換一種方式說：「我想你也知道遲到不對，如果你能改變自己，相信很快你就能體驗準時上班後工作結束時心情會多麼輕鬆。」這樣的說法，員工一定更願意接受。

所以，要掌握批評的藝術可以用這種好辦法 —— 點到為止。

- **批評的話越少越好**：我們都知道「多說無益」。即使表揚讚美的話，說多了人們也會感到虛假，批評他人的話更不是多多益善，因此斥責的話，越少越好。

  用一兩句話把對方錯誤的地方指出來，讓他們警覺以後改正就可以了。沒必要喋喋不休，翻來覆去地說個不停，這樣只會讓人厭煩，產生反感。

第八章　巧用批評，增強執行力

- **不能新仇舊帳一起算**：有些人批評人時，為了證明自己的正確，喜歡翻陳年舊帳，把對方過去的錯誤及不足之處一股腦地翻出來，這樣做往往令對方難以接受，甚至惱羞成怒，最終導致雙方不歡而散。

  曾經的錯誤只能代表對方的過去，時過境遷還抓住對方的小辮子不放，是心胸狹隘的表現，也顯得不相信人的成長性。如果曾經的錯誤或過失是一個人巨大的遺憾，那麼揭開他人傷疤不僅是對人不尊重的表現，而且很容易招致對方的怨恨。如果那樣的話，對方會認為你是有意責難，對你的批評會產生牴觸情緒。因此，在批評他人時，應該盡量避免翻舊帳。

- **不公開責罵**：既然是點到為止，就不必大張旗鼓，讓對方公開亮相，弄得全公司的人都知道，可以採取比較含蓄的方式，私下進行，以保全對方的面子。

- **為員工留下思考的空間**：主管在批評下屬時不要太心急、試圖立竿見影。其實點到為止就好，為對方留下思考的空間，讓他們反省主管的話。這也是尊重他們的表現，下屬感受到尊重，更容易接受反對他們的意見。

　　總之，教育員工也需要講究方法。既然批評人是為了挽救人，為了幫助人，那麼，主管對員工的錯誤給予提醒即可，反覆糾纏於其錯誤，不僅於事無補，而且也會起反作用。

訓斥只會加劇衝突

有些基層主管教育程度不高，再加上恨鐵不成鋼，在下屬犯錯時就會以大嗓門訓斥一通，以為這樣就可以達到批評的目的。有的還不無得意地對同事說：「看看怎麼樣？被我鎮住了吧？對付他們就得用這一手。」

然而，下屬真被你馴服了嗎？

雖然員工做錯事，給予批評是必要的，但是絕對不應以粗暴的言語加上惡劣的攻擊。如果上司態度蠻橫，不容下屬解釋錯誤，這種武斷的作風絕對無法讓人們心服口服。因為他們絲毫感覺不到上司的批評是出於關懷，在工作上就會表現得被動、缺乏熱情，從而影響工作效率。這種結果對管理者來說又有何意義呢？

每個人都是有自尊的，沒有誰生來追求別人的指責與批評，即使自己的下屬犯錯，也不應該動輒打罵，而要掌握好言談的分寸和尺度，以正確的態度與方式對待。

▶ 不要毫無道理地訓斥下屬

一些緊急情況突然出現，常令你和部屬措手不及，或者是當意外事故和人為錯誤產生，容易使人在瞬間失去理智，導致一口氣把怒火全都發洩在部屬們身上。對於主管來說，這種行為無異於自我毀滅。請記住，無論發生任何情況，都要保持冷

靜的頭腦，對於既成事實不需要馬上追查責任，而是應該立即研擬對策。等到最危急的時刻過去，再進一步弄清責任歸屬，調查事故真正起因。

　　有時候在工作中出現失誤，可能是一時疏忽大意造成的，也可能是不可抗拒的外力所致，在這種情況下，如果上司還批評他，就無法服眾。因此，應寓批評於關懷之中，讓下屬感受到上司的大度、寬容和關心，也能在同時反省自己的失誤。

　　在企業管理中，管理者風格的不同往往會帶來不同的管理方法，有暴雨風式的激烈指責，也有和風細雨式的委婉叮嚀。在教育界，提倡「和風細雨、潤物無聲」。其實，批評員工也需要掌握這種方式。它似雪落春泥，悄然入土，孕育和滋潤著下屬的心田，使他們幡然悔悟，難道不比起簡單粗暴的批評效果好上百倍嗎？

掌握幾種恰當的批評方式

　　批評人的方法多樣。由於發生錯誤的情況不同、錯誤的程度不同、每個人的性格脾氣不同，故需要採取不同的批評方式。以下幾種方法可以根據根據遇到的情形變化應用。

▶ 避免過於嚴肅的面談氣氛

　　雖然要批評下屬，但也要考慮談話的氣氛，應避免面談氣

氛過於嚴肅，使下屬受氣氛的影響，有所戒備，不願把自己的錯誤和盤托出。同時，心中緊張也不利於其充分認知自己的錯誤。

因此，要以朋友交流或者會客的方式來接待犯錯的下屬，平等溝通。那樣他們不會有被「審問」的感覺，願意坦白自己內心的真實想法，這樣主管才能明白他們犯錯的真正原因。開誠布公地交流，更有利於解決問題。

▶ 告訴員工問題出在哪裡

主管情急之下訓斥一通，往往會把員工訓斥得丈二和尚摸不著頭緒。雖然自己的憤怒獲得發洩，可是對解決問題無益，下屬也不明白自己做錯了什麼。給予員工批評時，可以直接告訴他們問題出在哪裡、正確的方式是什麼，這樣才能幫助他們達到意識到錯誤、改正錯誤的目的。

▶ 把批評寓於關懷中

管理者訓誡部屬，不應該只想到他們的失誤為公司造成了多少損失，更應該考慮到如何透過批評讓他們改正，以利其成長，這才是對員工的關愛。如果在批評中讓部屬感受到上司為他們著想的愛，即便是批評他們也甘願接受，並且還會感謝這種關愛，如此也能為公司帶來更多幫助。

這種方式與單純的批評形成明顯對比，有以柔克剛的效果。

第八章　巧用批評，增強執行力

▶ 正面批評法

這種方法是直接了當地指出下屬的錯誤並糾正。這種方式對於性格開朗、豪爽的人來說比較適合，因為他們喜歡直來直往，不喜歡拐彎抹角。

只是在批評他們之後，還要對他們的優點給予適當鼓勵，表達自己對他們的欣賞。這樣他們就不會計較因為批評帶來的不快。如果能夠幫助他們指出改進的方法，他們還會很感激。

▶ 暗示式批評

有些人不適合使用正面批評法，對於他們可以採取暗示式批評，讓他們自己去領會。

有位主管的助手十分勤快。本來主管正在集中精力看一份重要的文件，助手卻三番五次來關照，不是問是否需要茶水，就是擦桌子整理報紙等，他不得片刻清閒。考慮到對方心思細膩、臉皮薄，主管不好意思制止，因此就向對面辦公室看了看，開口說：「你看王祕書，安安靜靜的，我覺得不錯。」

一番話說完，助手猛然醒悟，之後在上司專心辦公時就不去打擾了。

這種批評的方式既沒有過分揭露自己的不滿，又讓下屬了解自己的錯誤，可謂一箭雙鵰。

▶ 對事不對人

不論是對何種性格的人，批評都應該本著對事不對人的原則。既然是對事進行批評，就應該用事實來說話，點出員工工作的實際疏失，比如「你這個月的目標沒有按時完成，按照相關規定應該……」或者「哪些數據不精確、辦法不夠詳細」等，要圍繞確實存在的問題討論。這種批評用事實來說話，比較有針對性和說服力。

▶ 自我批評

大多數員工對批評都會產生反抗心。如果錯誤是因為主管自身失誤在先，卻只批評員工，他們更會產生牴觸感。在這種情形，主管可以先自我批評，之後再批評員工。

在這方面，那些自以為是、特別注重自己權威的主管更應該引以為戒。

一天，一家染色廠的產線主管在下午快下班時命令大家提前收工開會，開會中不知何時下起了小雨。開完會出來主管看到新做的半成品布料放在院子裡被淋溼了，花色模糊一片，於是大罵起來：「你們都在做什麼？下雨都不知道！」然而剛才正是他催著全體人員開會。

遇到這種情形，主管不能把責任一股腦推到下屬身上。要先檢討自己的疏漏，不能因為自己是上司，就要下屬承擔所有的責任。這樣做才能服眾。

第八章　巧用批評，增強執行力

▶ 為下屬指明改進的方向

領導者批評下屬時，往往把重點放在指出下屬錯的地方，批評一通之後並沒有告訴下屬如何做才算對。如此批評很難服眾，因為下屬沒有看到你的高明之處。他們會想，「你也不比我們高明多少，憑什麼批評我們？」

此時，要幫助下屬找到改進的措施，要讓下屬明白他們應該怎樣改進。這樣下屬才會心悅誠服地接受批評，並主動改正錯誤。

▶ 因人而異，因材施教

批評要因人而異。對於那些自制力強的下屬，發現他們缺點時只需直接指出就行了，批評得太嚴厲會傷他們的自尊心；而對於那些自制力較差的人，如果還是含蓄暗示無異於對牛彈琴。對於後一類人，批評時力度可以大一點，措辭可以嚴厲一些，並且採取監督措施。這樣的方式才有效果。

最後還有一點需要切記，批評不只是批示，也是給予下屬工作評價。既然是評，就要針對不同人、不同錯誤的改進成果進行評估。這樣做，也能夠檢驗批評的方式是否恰當，批評是否發揮作用。

總之，唯有針對不同性格的員工、不同程度的錯誤，採取靈活的批評方法，才會收到事半功倍的效果。

掌握批評的語言藝術

批評，是一件令人十分難為情的事情，不但被批評者多少有些難堪，擔任批評者的上司也會感到尷尬。因為批評的對象是和自己朝夕相處的員工，因此更加難以開口，不知道應該用什麼言辭來表達才好。正因為如此，批評在語言中可以稱為學問之上的學問、藝術之中的藝術。

批評作為一門語言藝術，有許多技巧。掌握了這些技巧性的語言就可以合理地運用批評這個工具達到教育目的了。下面介紹幾種比較常見的語言表達方式：

▶ 用委婉的語言批評

和直言直語的批評不同，很多人都願意接受委婉的批評方式，這種方式讓他們感到自己有臺階可下。

有一個人在一個水庫內捕魚，他沒有看到不遠處有「禁止捕魚」的標誌。一會兒，一個水庫管理員向他走來。捕魚者站起來，此時才看到不遠處的那塊牌子，心想這下可糟了。

可是管理員走近後，並沒有大聲訓斥他，反而和氣地說：「先生，您在此洗魚網，下游的水豈不被汙染了？」一番話令捕魚者十分感動，連忙道歉離去。

這位管理員就很懂得言詞委婉的作用。

有時候，批評員工也可以用這種方式。員工都是成年人，

何況有些人自制力很強。對於無意中犯下的錯誤，可以用委婉的語言來提醒他們，沒必要直截訓斥一番。

▶ 用安慰的語言批評

大多數員工對自己所犯的錯都有內疚、懊悔的感受。此時，管理者需要做到的不僅是簡單的批評，還要給對方一些安慰。

一次，小王代表公司去談判。他年輕沒有經驗，對方喬裝打扮成客戶來宴請他。他被對方灌醉後，不慎把公司談判的底價說了出來。

事後，小王後悔不已，甚至打算以三個月不領薪水來懲罰自己。主管知道後安慰他說：「我理解你此時的心情，你確實使公司損失了一大筆錢。不過沒關係，我們正好藉機調整策略，一定使他們相當迷惑。你以前為公司所做的一切大家都有目共睹，放寬心，協助我做好以後的工作就可以了。」一番話讓小王放下了包袱。

後來，小王才知道，主管當時肩負很大的壓力，可是並沒有表現出來，反而安慰自己。小王為此感動不已，在以後工作時，他虛心向主管學習，學到了不少談判的技巧。

這就是安慰式批評的效果。它的特點就是一方面點出下屬的錯誤，另一方面對他們表達認可，為犯錯者帶來心理安慰。

然而，安慰也應該有個限度，絕不可留下只安慰、不批評的印象，這也無助於對方未來改正。

▶ 在批評中隱含肯定的意思

既然是批評，怎麼可以肯定對方？許多人可能不太明白。其實，這也是批評的一種技巧。只要使用巧妙，就可以達成批評的效果。

在後藤擔任公司一家新工廠主管時，有天老闆吩咐五六個人留下加班，後藤也主動留了下來。晚上，老闆來視察工作完成度，他知道工作還沒有做完後，毫不客氣地訓斥了後藤。他說：「實在太不應該，你怎麼也會發生這種事情？」

令人不可思議的是，後藤聽到這樣的訓斥之後，不但不生氣，反而十分高興。原來老闆的那句「你怎麼也會」飽含對自己的賞識，後藤感到老闆對他寄予厚望。他此後處處以更加嚴格的標準要求自己、處處都想做到比別人優秀。

這就是批評的技巧。在批評一個人的時候，使對方覺得自己比別人更重要，由此自慚、自勵。這種語言的駕馭能力實在太高明了。

▶ 用懇請的語言批評

提到批評，許多人想到的是訓斥。其實，還有一種批評方式，是用懇請式的語言達到批評對方的目的，不妨一試。

比如，公司內員工難免會把東西亂放，主管們訓斥他們：「別把東西亂丟！」這樣，對方的反應往往會是：「想嚇唬誰？我想怎樣放就怎樣放，別以為你是主管我就得事事聽你的！」

這就是反抗心理的表現。

此時，如果換一種說法，「請把東西擺放整齊些，好嗎？」

「哇！主管竟然用這種語氣和我說話？」員工的心中乍喜，聽了以後馬上收拾好亂七八糟的物品。

這就是懇請式的批評，由於維護了對方的自尊，被批評者會心悅誠服地接受指正。

▶ 用模糊的語言批評

有時在批評中用模稜兩可的語言，也可以收到好的效果。比如「某些」、「有人」等等，既照顧對方面子，又指出了問題，說話具有某種彈性，比直接指名譴責效果更好。

▶ 用幽默的語言批評

幽默是一種優美、健康的品德。有時採取幽默的批評方法，可以讓下屬在微笑中接受你的批評，同時也可以加強和諧的人際關係。

由此可見，批評人不一定都要聲色俱厲，被批評的人也不一定都會垂頭喪氣。只要懂得運用批評的語言技巧，從關心和愛護員工的角度出發，即便是批評也會讓人心悅誠服地接受，從而化解衝突和誤會。

私下批評，讓下屬心服口服

在眾多的批評方式中，私下批評也是一種值得借鑑的方式。特別是對於能力強、知名度高而又愛面子的員工來說，此種批評方式最為妥當。

在某個排球隊中，教練對記者說：「關於我談到隊員表現不佳的內容，千萬別見報。因為隊員都相當重視我的看法，公開後很可能會打擊隊員的士氣。」

這位教練所堅持的就是不當眾批評隊員的原則。

因為團體運動的球員講求紀律與服從，球員們總是很尊敬教練，如果教練在公開評論中說他們表現不好，隊員一定相當挫敗。如此一來，就會不斷犯錯，對整體不利。因此，在公開的場合，他幾乎只表揚球員。如果比賽中確實有人失誤，教練也會等他平靜下來之後，單獨和他談話，告訴他以後應該怎麼做，比如「我感覺你應該能更沉穩」、「面對球時準確度需要提高」等。

這位教練這種私下單獨指教的方式，既保全了運動員的面子，又指出了他們改進的方向。而在以後的比賽中，被批評的隊員表現自會更突出。

在企業管理中，主管在批評下屬時，也可以使用這一原則：盡量不在公共場合批評。可以私下點明問題，幫助員工了解錯誤，此時即使語言再嚴厲，也沒有別人看到聽到，對方總是保有基本的體面。

第八章　巧用批評，增強執行力

　　批評員工時，要客觀分析他的錯誤，找出原因。如果是自身壞習慣引起，絕不可以姑息遷就；如果是環境使然、資源受限引起，就應當提供他們正確的解決辦法，必要時幫他們一把。切不可對他們的錯誤吹毛求疵，甚至在大庭廣眾下曝光，這就不僅使他們的形象受到影響，也擴大了衝突。

　　總之，批評他人時要使對方感到你是出於關心愛護他們的目的，而不是故意雞蛋裡挑骨頭。那樣，對方會感激你，在以後的工作中會用更有力的行動表現自己的優秀。這樣才達到了說服員工、促使員工成長的目的。

第九章
激勵團隊，奮發向上

團隊，是企業成功的保證。如何讓團隊奪取勝利，是靠技能和才幹嗎？不完全是，還需激發他們的主動性，讓他們充滿對工作的熱情，並且自動自發奉獻自己的聰明才智。要達成這樣的目的，就離不開激勵。

激勵，是持續激發動機，是推動人們持續努力。「水不激不揚，人不激不奮」，激勵讓團體充滿生機和活力，激勵的效果越好，成員完成任務的努力程度越高，取得的工作績效也越高。故懂得激勵團隊，才能取勝天下。

而要激起員工的活力，關鍵在於主管自身要充滿熱情。如果領導者充滿朝氣，積極進取，快樂幽默，員工也會受到鼓舞。另外，要選準激勵對象，年輕人的活力是最充沛的，因此希望要先放在他們身上。對年紀較長的員工，可以讓一些競爭者和年輕員工與他們搭配組合，互相彌補，互相敦促。同時，營造愉快的團隊氛圍、對員工高度認同和接納也是激勵員工活力的重要方向。如果員工能感受到企業對自己的關懷和認同，他們的積極性也能得到充分發揮。

如此，團隊豈能沒有活力！

主管有激情，員工有熱情

作為管理者，誰都希望自己的企業中充滿有活力的員工，身體健康強壯、精力充沛、情緒穩定。可是我們時常看見缺乏

活力的員工，他們情緒低沉、委靡不振、懶散而沒有幹勁。員工們的活力到哪去了，為何未老先衰呢？企業中高階主管常被員工失去活力深深困擾，而要激起員工的活力，就需要掌握激勵的藝術。

激勵員工，需要主管先充滿熱情，如此員工才能有熱情。在一個部門中，主管的狀態對整個團隊有很大的影響。如果主管是一位沉悶的人，再活潑的員工也會小心翼翼，甚至會不自覺地模仿領導者；如果主管熱情洋溢，充滿激情，那麼下屬工作起來也會充滿熱情，形成你追我趕、積極向上而又快樂輕鬆的工作氛圍。

榜樣的力量是無窮的，管理者的個人舉止其實也是下屬模仿的對象。

縱觀國際各大知名公司，很多優秀管理者對待工作都有一種令人仰慕的熱情，如我們熟知的微軟的比爾‧蓋茲和鮑爾默。他們不僅對工作十分投入，演講時也激情澎湃，彷彿可以點燃每一個人的熱情。

在網路上，曾有一段影片廣為流傳：在一個充滿震耳欲聾音樂聲的講臺上，一位身材高大、頭頂微禿的男人揮舞著手臂，不時有節奏地大聲喊著，隨著他的高喊，臺下的人們就像追星族一樣激動，掌聲尖叫匯成一片。

但是，臺下的人不是觀眾，而是員工，他們這麼激動，是在追逐自己的明星經理——大名鼎鼎的鮑爾默。只見鮑爾默在

第九章　激勵團隊，奮發向上

講臺上，充滿激情地喊道：「我要送給你們一句話！」

「我愛這家公司！」

「Yes，yes，yes！」全場又一次沸騰起來。

面對此情此景，一位在微軟就職的年輕人無限感慨地說：「鮑爾默煽動得我熱血沸騰，如果要我去撞牆，我都會毫不猶豫。」

這就是鮑爾默激情的感染力。在微軟裡，鮑爾默的確是一個充滿力量與激情的領導者。他不僅充滿對微軟、對工作的激昂，而且還要把自己的熱情傳遞給所有的員工。他曾說過：「我要讓所有的人和我一起分享微軟的激情，我想讓所有的員工分享我對微軟的激情。」

微軟的成功固然有很多因素，而管理者善於鼓動員工熱血，把自己的激情傳遞給員工也是其中的關鍵。因為一個企業若想成功，需要當中的每一個人都能熱血沸騰。員工能力再高，如果沒有對工作的熱情和主動，他們的才能也發揮不出來。畢竟，不是每個員工都能夠熱愛工作，即便是發自內心的鐘愛，長期面對同一種工作、同一個職位，也難免會產生枯燥和厭膩的感覺。

主管的重要工作之一就是凝聚人心，激起員工工作熱情，鼓勵他們發揮潛能。沒有助人的激情，不能成為企業領導者。因此，管理者僅僅是自身充滿熱血還不夠，還要懂得把自己的激昂情感傳遞給員工，能抓住一切可以利用的機會催動員工的

熱血。這樣才能打造出活力團隊，讓他們在工作中達成最好的成績。這是很多成功的經營管理者共同的特徵。

員工充滿熱情，團隊就充滿活力。這樣的團隊更有利於員工工作、生活品質的提高。同時，團隊的活力還可以感染心態消極的員工，促使那些工作績效低、因循守舊的員工改變觀念，帶動他們向上攀登。

活力團隊可以最大限度調動員工的積極性。當企業需要解決複雜的問題時，可以從群體的共同努力中獲得高於主管個人能力的群體心血。這是取之不盡、用之不竭的智慧之泉。適當激勵團隊，可以激發成員中蘊藏的巨大能量，以完成團隊所承擔的任務。充滿活力的團隊是產生新思想、新方法的土壤。

激情能喚起責任，能成就夢想，能創造奇蹟。有激情才有超前思維，才有過人膽略。上司有熱情，能帶動下屬的激情，帶動團隊的活躍。因此，充滿熱情的主管們，把你的活力帶給下屬，用你的激情打造一個活力團隊吧。這是上司期盼的，也是眾望所歸。因為團隊合作才是企業成長的推動力。

激發員工的自信心

在工作中，主管經常會遇到這樣的情況：工作經驗不足的新員工對自己沒信心，或者性格懦弱的下屬工作中遇到了困難，茫然之中向你求助。此時，你又該如何做呢？

第九章　激勵團隊，奮發向上

　　直接告訴他們解決對策嗎？這種做法可以快速解除難題，但仔細想一想，這種幫助的方式並不正確，長此以往，會扼殺他們的自我解決問題的能力。

　　每一位員工都會在工作中遇到困難，當下屬需要主管幫助時，正確的辦法應該是建立他們的自信心，讓他們相信自己有解決問題的能力，這才是主管對下屬負責的態度，才是幫助下屬成長的正確方法。

　　「我相信你」勝過千言萬語

　　剛畢業不久的安迪被指派接下市場部的預算計畫。接到這項任務，他有些忐忑不安。工作才剛滿三個月，何況從來沒有人引導自己做過這些。但是他又不能拒絕，因此硬著頭皮接手。幾天後，他心驚膽顫地拿著自己做的財務預算來到主管面前，猶豫地說：「我做的預算計畫不知道是否妥當，因為從來沒有自己做過。如果您感覺哪裡不妥，就指出來，我把預算書拿回去重改一下。」

　　沒想到主管告訴他說：「完全沒這個必要。我認為你的計畫很可行，並且我相信你有執行這個計畫的能力。我看好你！千萬別錯過這個鍛鍊自己的好時機啊！」

　　「哇！」從主管的房間出來後，安迪眼睛發亮，腳步也異常輕鬆，有一種快飛起來的感覺。他很慶幸自己遇到了這麼好的主管。雖然他知道，自己的計畫並不是十全十美，可是主管的鼓勵讓他感覺自己完全有可能做得更好。

在員工遇到困難或者對自己沒自信時，打氣還是洩氣，對他們工作態度的影響相當關鍵。有些主管看到員工在困難面前垂頭喪氣時總會訓斥他們：「沒出息，廢物一個！你在做什麼，技術真差，你看別人有像你這樣嗎？」越是這樣，員工越對自己沒有信心。以後遇到困難也不敢面對，便越來越看扁自己了。

而懂得激勵員工、幫助他們建立自信心的主管，就會像安迪的主管那樣向員工釋出充分的信賴，對他們的工作大膽肯定，爽快地重用他們。

「不錯！下次一定要再加把勁做得更好！」這份信任，這份鼓勵，大大增強了員工戰勝困難的信心，減輕他們的心理負擔，那麼，工作任務自然能夠更加順利地完成，以後的業績也會不斷上升。

「只要你有信心，那就去做吧。」一句我相信你，勝過千言萬語，員工受到鼓舞會幹勁倍增，熱情翻漲。也許他們完成工作的方式會別出心裁，最終取得的效果會格外良好。

▶ 用以往的成功激勵他們

在團隊中也有這樣的下屬：明明他們很有工作能力，可是或多或少的自卑感總像魔鬼纏繞著他們，讓他們不敢相信自己，導致工作效率低下。

對於這種性格懦弱、沒自信的員工，主管可以透過他們以往的成功案例來鼓勵他們。例如：「你來公司這段時間，在某某

方面不是做得很好嗎？我相信你的能力。」這樣直接表達自己的信任，讓對方感知到這份信任就是鼓勵他們的最好辦法。

▶ 用行動給予他們支持

以語言向下屬直接表達信任固然是不錯的方式，但言語過後更需要相應的行為來配合。基於此，主管在向下屬表達信任時，不要盲目開口，要注意之後的行為也要與當初言論一致。當員工需要指導時，要不失時機地給予他們指導和幫助，或者讓在這方面有工作經驗的員工給予幫助。假若主管不能提出明確的解決辦法，必定會增加下屬對困難的恐懼感，更加使他們感覺束手無策。這時主管一定要幫助下屬建立戰勝困難的信心和決心。

另外，互相幫助也是建立互信的關鍵。在相互信任的氛圍中，員工們對自己也會充滿信心。因為在那些不自信的員工看來，如果主管、同事都不相信自己的潛力，他們也不會幫助自己。所以，及時幫助對自己信心不足的員工，也是幫助他們建立自信心的好辦法，這會讓他們明白「自信者人助之」的道理。

表揚就是激勵

人都需要被肯定，這是一種積極的鼓勵、促進和引導。人們都有希望得到別人肯定的心理，這是人性使然。下屬也一樣，當他們工作取得一定的成就後，總是渴望主管的表揚。

　　善用誇獎，是管理者的管理策略。著名的管理學家湯姆‧彼得斯（Tom Peters）說過：「經理最首要的工作就是讓員工歡欣鼓舞。」這句話的意思是：作為一名經理，首先應該做到的是留意下屬的工作，對他們的進步和取得的成績加以讚許。傑克‧威爾許先生也曾在會議上提出：當你的員工有好創意的時候，你是不是感到非常興奮，那是不是可以承認他的創意，祝賀他的想法？很明顯，威爾許先生認為，作為一個企業領導者，必須懂得勉勵員工。

　　工作出色受到鼓勵，下屬便能意識到上司時時關注著自己的工作績效。若是你能恰到好處地讚美你的下屬，這種成就感和榮譽感也可以大大激發他們的工作熱情。因此，主管要陽光正向，要學會用鼓勵的語言培養下屬，對他們取得的每一點進步都要喝彩。

▶ 透過他人表達讚賞

　　表揚員工不一定是由自己的角度稱讚，也可以透過第三者的口氣來表達。這種側面誇讚更會使當事者信服。

　　瑪麗所經營的美容、化妝品公司在全世界都享有盛譽。她的事業之所以能取得如此大的成就，就是因為她懂得適時嘉獎下屬。

　　一個業務員在開發市場屢遭失敗後，萌生了辭職的念頭。瑪麗得知此事後，在一次談話中以不經意的口吻對這位業務員

說：「聽你原來的老闆說你是很有幹勁的年輕人。他甚至認為把你放走是他們公司不小的損失……」這一番話，把年輕人心頭快要熄滅的希望之火重新點燃了。年輕人放棄了辭職的打算，在冷靜地對市場進行分析後，終於使自己的行銷生涯柳暗花明。

▶ 背地表揚

背地裡的稱讚和背地裡的批評一樣，一定會傳到當事人的耳朵裡。在《紅樓夢》中，賈寶玉誇獎林黛玉，就是在她的背後誇獎。

當寶釵和襲人勸寶玉讀四書五經時，寶玉抗議說：「你們只會讓我做自己不喜歡的事情。如果是林姑娘，才不會這樣強迫我做呢。」當時黛玉正好經過，聽到這裡又驚又喜。

即便黛玉不是正好經過，寶玉的這番話也會經過別人的口傳到她耳中。知道別人在背後也不吝稱讚，更顯得稱讚的真心，善於管理下屬的主管，對於這類管理藝術的微妙之處應當多多了解。

▶ 向下屬的家人、朋友讚美他們

為了讓主管對下屬的讚美快速、準確地傳到對方耳中，在選擇「傳話人」時，要盡量尋找與下屬關係親密、接觸頻繁的人，例如下屬的家人、朋友等。一般而言，不宜當著其他同事的面讚美。如果主管當著 A 下屬的面表揚 B 下屬，A 下屬難免

會產生不平衡的心理。基於此，讚美下屬最好當著他們的家人或者朋友的面，其家人和朋友也一定會非常高興。

雖然由於工作環境所限，主管與下屬的家人、朋友見面的次數不太多，但一旦有這樣溝通的機會，主管絕對不能錯過，要充分利用這個時機向下屬的家人、朋友讚美他們。

▶ 厚此不薄彼

如果兩位或者多位員工都表現出色，為了平衡他們，嘉獎時要厚此不薄彼。

例如，在某個項目中，小李和小趙表現都非常出色，主管可以對小李說：「這次項目完成得非常圓滿，尤其是你和小趙的表現特別突出，我要專門誇一誇。」

主管看到小趙時也可以表達同樣的觀點，這樣的讚美方式，既達到透過第三方傳話的目的，又可以平衡下屬的心態，一舉兩得。

總之，下屬有出色成就，主管就應及時加以肯定和讚揚，促其再接再厲。而且，一個善用讚美部下的主管，總是善於挖掘值得表揚的的深層優點，以誇獎引發員工埋藏的潛力。

目標激勵—給員工不斷挑戰的空間

　　設置適當的目標，可以給予人行動的動機，調動人的主動性。因此稱為「目標激勵」。目標激勵就是給下屬不斷挑戰的空間，促使其更加發奮努力，挖掘自己的優勢，作出更多的貢獻。

　　目標激勵對下屬來說是一種鞭策。因為有些員工在工作中一旦取得成就，受到表揚後往往會沾沾自喜，從而放鬆對自己的要求。還有些員工甚至居功自傲，感到自己做得已經不錯，應該歇歇了。因此，對他們提出帶有挑戰性的新目標，是為了讓他們看到自己的不足，幫助他們拒絕傲慢的心態，發揚優點、克服缺點，重新鼓起鬥志，不斷攀登新的臺階。

　　還有一種員工有巨大的潛能可挖。他們做出的成就儘管受到表揚，實際能力只發揮了六七成，因此對這樣的員工更需要為他們設定新目標，激勵他們把自己的聰明才智全部發揮出來。否則他們便認為上頭低估了自己的能力。

　　至於那些業績平平的員工，更需要在優秀員工的幫助和引導下提升自己的能力。

　　其實，不論是出於何種原因，主管都需要根據不同員工的表現為他們設立新的目標。因為員工們需要不斷成長，不斷提升。就像日本一位企業家所說，如果你給下屬 80％ 的工作，他的能力會退步，如果你給下屬 100％ 的工作，他的能力會停滯不前。但如果你給下屬 120％ 的工作，會令他的能力有突破性的進展。

因此，給下屬不斷挑戰的空間，也是激發團隊活力的好方法。

要讓員工藉由完成新目標得到鍛鍊，在目標設置時需要注意以下幾點。

- **目標與個體的切身利益密切相關**：目標在社會科學界常被稱為「誘因」，即能夠滿足人類需求的外在因素。一般來講，個體將目標看得越重要，完成的機率越大。因此，設定目標時要把完成目標與個體的切身利益密切掛鉤。
- **跳起來夠得著目標**：當然，不論是基於何種原因提出新目標，這個目標必須是下屬跳起來能夠得著的。躺著不行，坐著不行，站著也不行，只有奮力一躍才能達成，這就是對員工能力的挑戰。也就是說，目標要具有一定挑戰性。其次，目標要具有可行性。如果目標太高、太遙遠，跳起來還是搆不著，會直接打擊他們的自信心，下屬就會失去追求的動力。因此，目標激勵要向員工提供挑戰性適當的工作，讓員工覺得每天都可以學到很多新東西，以此來磨練他們的工作能力，並讓他們在循序漸進的成功中獲得成就感，進而達成個人的事業目標。
- **設置總目標與階段性目標**：總目標可使人感到工作有方向，但抵達總目標的過程複雜，因此可把總目標分成若干個階段性目標，階段性目標能使人感知目標的可行性和合理性，這樣在達成階段性目標的過程中慢慢接近總目標。

- **主管幫助員工達成目標**：另外，提供下屬不斷挑戰的空間，並不表示主管就此放手不管，讓下屬獨自應戰。既然工作對下屬來說具有一定挑戰性，不可避免路上會遇到各式各樣的困難，需要使用各種資源，也許還需要其他部門的配合。要成功，固然與下屬本人的聰明才智和艱苦努力分不開，可是，更和前輩主管們的提攜相連。

責任激勵—讓員工挑大梁

有些主管在布置工作時只是向下屬交代任務，要求下屬必須做什麼，卻很少授予下屬權責，告訴他們在完成工作的過程中自己應該擔負怎樣的責任，以及最終可以得到什麼獎勵等等，致使員工認為自己只是為他人作嫁，工作積極不起來，更不可能充分發揮能力把工作做好，從優秀邁向卓越。在這種情況下，主管就應該轉換工作方式，用責任來激勵員工。

主管在賦予下屬責任時需要注意以下幾點：

- **善於掌握時機**：有些下屬對自己的工作駕輕就熟後容易滋生怠慢和馬虎的心態，要善於甄別這樣的時機，加強下屬的責任心。

對於已經被賦予責任的下屬來說，承擔責任本身就是一種挑戰，他們除了擔負責任、奮發向上外別無選擇，否則在

激烈競爭的時代，等待他們的可能是回家吃自己的命運。
員工們在承擔責任的過程中感到自己所擔負的重責，這樣
就不會再輕易懈怠。

- **責任內容交代清楚**：企業中的每一個工作目標都是具體的，
  並會分配到每一個職位、每一個人。因此，賦予下屬責
  任，一定要認真交代清楚責任內容，否則一不小心就會出
  現互相推諉的現象。

- **提升責任意識**：主管能否善用責任激勵員工，一個重要的
  標誌就是在交代責任的過程中是否善於運用語言的藝術，
  適當地提升員工的責任意識。比如，有意識地加重說話的
  語氣，增加談話的嚴肅氣氛，就可以讓對方意識到責任的
  重要性，從而認真掂量其所擔職責之份量。

- **賦予下屬激勵點**：責任激勵的關鍵在於賦予下屬責任的激
  勵點。這就是對下屬能力的認可，能增添他們履行責任的
  自信。

- **授予一定的權限**：責任與權力總是相伴而行的。你賦予下屬
  責任的過程，其實也是授予下屬權力的過程。因此要樂於
  並善於授權給下屬，讓他們認為自己是在「獨挑大梁」，
  肩負重要職責，知道自己享有工作自主權也可以使員工受
  到激勵。

- **給予一定的壓力**：接著，還要向下屬交代清楚達成不了工
  作目標所要承擔的責任和懲處的內容，向他們施加必要的

壓力，迫使他們不斷提升工作的責任感。

- **檢查責任的履行狀況**：作為上級，在分派工作目標、交代各人責任之後，並非萬事大吉，或者任憑員工發揮，還要按部就班檢查責任的履行狀況，並要善於檢查、督促。但一定要注意方式，如果監督被下屬當作不信任的舉動，下屬的積極度會受到一定程度的打擊。

  因此，在檢查下屬的責任履行情形時要巧妙一點，可以隨口問及他們的執行現況，如果發現不理想，可以徵求下屬的意見，如詢問他們「你認為是否還有應該改進的地方？」這樣他們比較容易接受。

- **辦事不力要追究**：不論是什麼原因，只要下屬沒有如期完成分內應做的事情，就要追究其責任。既然是追究責任，就免不了各種形式的懲罰。

  但是，責任激勵的目的在於激發下屬的積極性，因此，即使追究責任，也要寬嚴適度，不能忽略激勵這個主軸。

  對於由工作態度不佳造成的損失，應採用公開追究的方法，在公共場合宣布懲處的結果。此舉也是為了告誡他人，對在場的每個人也是一種激勵。而對於那些態度端正、工作努力，卻由於能力所限而沒能履行好責任的下屬，適合採用暗地追究的方式。比如，將其調到更適合的職位等。這樣的追究，會使下屬在人前保留一份自尊，也給予其重新振作的機會。

責任激勵的目的不僅在於激發員工的責任心，使員工有效而及時地完成本職工作，而且可以激發他們勇挑重擔的勇氣。因此，責任追究不是目的，真正的目的是讓人人都有參與企業各種事務的機會、都有用武之地。因此，在追究員工的責任時，主管應主動承擔自己的責任，這樣也能贏得員工的尊敬。

獎懲激勵─讓員工知恥而後勇

獎懲激勵，是指利用獎勵或懲罰的方法，對人們的一些行為予以肯定而對另一些行為予以否定，激發人們內在動力的激勵方法。如果獎懲得當，能進一步喚起團體成員的主動性，發揮激勵的作用。這種方式，已成為現代管理的重要手段。

人們很容易理解獎勵，員工達成值得肯定的業績當然應該獲得獎賞。獎勵的形式可以是物質獎勵或精神獎勵，或者兩種獎勵方式相結合。物質獎勵滿足人的基本需要，使衣、食、住、行等條件改善，能直接鼓勵人努力。精神獎勵能激發人的榮譽感，激起人的上進心、責任感和事業心等。但是，懲罰也是一種激勵的說法，人們就不容易理解了。特別是對待犯錯誤的員工，主管們往往會認為，既然員工做得不對，懲罰就可以了，為什麼還要獎勵？獎勵他們什麼？

既然是獎懲激勵，就要以獎為主，以懲為輔，強化正面激勵。在這方面，教育家陶行知先生的做法很值得借鑑。

第九章　激勵團隊，奮發向上

　　一天，陶行知先生看到一名男學生正要用磚頭砸另一名同學，陶先生隨即制止了他，並責令該學生到自己的辦公室。

　　這位學生以為陶先生要罵自己一頓，於是垂頭喪氣地來到校長辦公室，令他感到意外的是，陶先生並沒有半點責罵，反而從口袋中掏出一顆糖遞給他說：「這是獎勵你的。」

　　該男生不明白這是為什麼。陶先生解釋說：「你很守信用，我要你來辦公室，你來得很準時。這顆糖是獎勵你的。」此時，該男生才接過了糖。

　　沒料想，陶先生接著又掏出第二顆糖。他說：「我不讓你打人，你立刻就住手了，說明你很尊重我。這顆糖也是獎給你的。」

　　陶先生隨即又掏出第三顆糖說：「據了解，你打那名同學是因為他欺負女生，這說明你有正義感。」

　　這時，男生哭了出來，他說：「校長，我錯了。同學再不對，我也不該用這種方式處理。」這時，陶先生掏出第四顆糖：「你已經認錯，再獎勵你一顆。好了，糖發完了，我們的談話也結束了。」

　　讓學生在獲得獎勵的同時自省、自責，意識到自己的錯誤，這種方式何等高明。就這樣，陶行知用「獎勵錯誤」的方式輕易改變學生的行為。企業主管教育犯錯的員工時，也可以用這種積極的方式促使員工了解自己的錯。

　　當然，員工畢竟不同於學生，他們都已長大成人，心智比

較成熟，如果懲罰的力度不夠，也會失去應有的激勵作用，因此，要「重拳猛擊」，及時、足量。只不過，這種懲罰不是為了打擊，而是為了激勵，因此在懲罰之中要包含激勵的成分。比如，激將法就是可以借鑑的一種。

在房地產市場不景氣的情況下，房屋仲介公司的業績也受到了影響。有位業務負責尋找房源，儘管他有過這方面的經驗，自己工作也很辛苦，可是一個月來他找到的房源數量最少。

經理看到後對他沒有表現出絲毫同情，反而以更嚴厲的語氣責備他說：「年輕的，你這個月的業績我實在不滿意，你沒有任何業務抽成了。」當時，正值炎熱的夏天，想到自己每天辛苦奔波的結果竟然只有數字可憐的底薪，業務員感到灰心喪氣。

經理並沒有安慰他，繼續批評說：「你是怎麼搞的？一天連兩套房源都找不到。就算在啞巴背上貼上一張紙，紙上寫尋找房源，他在大街上一天也能拉到兩個客戶。」

停頓了一下，經理拿起一個不鏽鋼的杯子告訴業務員說：「這個茶杯是我給你的獎品，炎熱高溫要多喝水。不過，現在不能發給你。如果你下個月的業績讓我滿意，杯子就送給你；否則，底薪也要扣 2%。」

年輕人一聽，經理諷刺自己連啞巴都不如，頓時一股不服輸的幹勁湧上心頭。經理不是看不起自己嗎？那他偏要做出個樣子讓他看看。他放棄了辭職的念頭，第二天就走上街頭。這次，他不再被動地等待客戶找他登記了，而是積極地尋找客

戶，不到半個月，他的業績就有了前所未見的突破。

經理看到這一切笑了，自己運用的激將法已經成功達到目的。

由此可見，並非只有在員工有好成就時表揚才能被稱為激勵。在他們犯錯時，用懲罰、批評的手段也可以達到激勵的目的，獎懲巧妙結合，同樣可以達到激勵效果。

情感激勵—溫暖人心

人具有豐富複雜的情感世界，感情因素對人的積極態度和創造性都有很大的影響，透過感情溝通，以心交心也可以增強歸屬感，以此激勵下屬。管理者的關心和體貼無疑會令下屬溫暖。中國古典的激勵法以仁義、群體為中心，這種方式更容易激發成員工作的積極、主動和創意，吳起為兵士吸膿就是這種情感激勵的典型事例。

在現代以人為中心的社會裡，單純的授權與獎懲的模式被越來越多人拋棄，關心人才、愛護人才、珍惜人才、尊重人才的模式受到越來越多的管理者青睞。這種激勵看起來很容易做到，其實不然。有些主管把情感激勵僅僅當作口頭上的噓寒問暖，或者不冷不暖的隨便關心部屬兩下。這樣的關心只會讓人感到虛情假意，無法達到鼓勵。

一個關心下屬的主管必須主動接觸下屬，了解他們的工作狀況、傾聽他們的困難，用自己的實際行動表現出對人才的尊重和愛護，讓下屬感到這是樸素、實在、真誠、珍貴的感情。

▶ 在下屬生日時問候他

現代人已經習慣慶祝生日，聰明的管理者可以趁機表達自己對下屬的關心和問候。比如，發獎金、買蛋糕甚至送束花等。如果有時間和員工共進晚餐，乘機說上幾句讚揚和助興的話，更能造成錦上添花的作用。

▶ 關心下屬的家庭生活

家庭和睦、生活無憂無疑是下屬做好工作的保障。如果一個下屬家裡出事，或者生活方面遇到困難，上司卻視而不見，那麼他當然難以維持工作熱情。因此，關心下屬的家庭和生活也是情感激勵一部分。

有一個剛經歷搬遷的公司，由於職員和主管大部分都是從外地來的，遠離家鄉，該公司上級很想讓他們享受家庭般的溫暖。得知職工們吃飯不易，領導者就自辦了一個小餐廳，解決職工的後顧之憂。在住宿上，也為他們安排了三房兩廳的公寓，讓他們感受到家的氣息。如果職工們不想吃員工餐廳時，還可以隨時自己做飯。

上級這麼為員工貼心地著想，員工能不感激上級的愛護和

第九章　激勵團隊，奮發向上

關心嗎？因此，他們都在這個駐外公司死心踏地安定下來。

　　由此可見，情感能夠凝聚人心。尤其是在現代企業，隨著物質生活越來越享受，人們也更注重精神關懷，因此，管理者應該更加注重「以人為本」的情感激勵方式。

　　情感激勵不但可以達成上下級之間相互交流情感的目的，更重要的是可以讓員工感受到主管對自己的關心和重視，使團隊成員備受鼓舞，進而使整個部門團結起來。有這樣的向心力，主管工作起來就會感到無比輕鬆。

第十章
用溝通搭建一座橋

第十章　用溝通搭建一座橋

　　有人說管理是意見溝通的世界。管理不僅需要管，也需要協調溝通，特別是在現代企業中，隨著民主意識的增強，上司和員工個人應相互尊重、平等相處，溝通顯得更為重要。

　　因此，主管作為傳遞意見的橋梁，需要具備溝通協調的能力。那樣才能更好地做到上情下達，也可以做到下情上達。透過溝通，也可以及時發現衝突，在團隊間搭建一座溫暖的橋梁。

主管必須具備溝通能力

　　溝通是主管最基本，也是最重要的工作。主管和下屬針對某個問題要取得一致意見，必須先經由溝通交換想法。不僅主管想了解員工個人意見時需要溝通，在要了解下屬工作問題也需要溝通。

　　溝通順暢，對於促進團結、正確決策、協調行動、凝聚人心非常重要。如果上下級之間缺乏溝通，或者溝通不暢，彼此就會產生誤會，部門間也會出現各自為政的局面。彼此向不同的方向用力，即使用盡九牛二虎之力，也無法使企業前進一步。可以說，具備良好的溝通能力，是現代企業中主管必備的主要特質之一。

　　有些人認為，溝通不就是說話嗎，說話誰不會呢？這樣就大錯特錯了。溝通不是一種本能，而是一種能力。沒有人天生

就具備溝通能力,即使天生口齒伶俐的人,也並不代表他們的溝通能力一定出色。溝通,需要經過培養和訓練。

工作中,你是否遇過下屬命令執行不周的情況。儘管他們費盡了九牛二虎之力,結果卻與你想像的差距很大。這是為什麼?也許就是溝通不佳引起的。比如,向下屬交代工作時,你認為自己表達得很清楚,可是下屬卻沒有聽明白;還有一種現象是,下屬找你談話,可是你偏偏自以為是,武斷地認為自己已經聽懂下屬的意思,提前打斷他們的談話,不但無法解決下屬遇到的工作問題,還引起下屬的不滿和埋怨;再有,向上司彙報工作時,你認為自己彙報得一清二楚,可是上司仍然一頭霧水。這些都表示你有溝通問題。由此可見,練就溝通的能力是多麼重要。

很多主管是從基層升職的,過去不一定需要面臨那麼多人際間的來往,但是當他們擔任主管的職位時,就必須要了解溝通的重要性,提高自己的溝通能力。

溝通為什麼如此重要呢?

事關團隊發展。一個部門的健康程度主要取決於資訊傳遞的速度和失真度,然而目前在大部分部門中存在以下三方面的問題:

一是向下溝通不暢,部門的決策和高層的意圖不能盡快地受到員工理解和執行。

第十章　用溝通搭建一座橋

　　因為有些主管思想僵化，只是在上級和下屬間充當傳聲筒，安排工作時不考慮自己部門的實際情形，以至於員工感到無所適從；還有些主管在傳達上級的指示時，扭曲資訊，欺上瞞下，結果使上級和基層員工之間產生衝突。

　　上級的指令若要盡快、全面地受到貫徹，就需要有力的溝通方法和途徑。而主管擔負著向下轉達的重任，如果對上級的指示轉達不力，員工又怎能順利執行？

　　二是向上溝通不暢。一線員工的心聲、市場消息以及客戶意見不能直接有效回饋給高層。尤其是員工對主管的意見不能即時、真實地反映上去。有些主管認為員工意見只是替上級添麻煩，因而獨斷專行，阻塞言路，使得下情不能上達，結果等有一天怨聲載道，高層還不明白是為什麼。這樣甚至有可能導致決策層對企業內外環境產生錯誤的判斷，從而做出錯誤的決策，這對於公司的發展來說是致命的打擊。

　　三是平行溝通不暢。部門主管之間缺乏有效的溝通和協調，各自為政。需要共同作戰時難以配合，相互推諉的現象嚴重。

　　導致這些現象的關鍵原因就是主管缺乏溝通能力或者溝通方式不恰當。

　　「溝通」是一切成功的基石。如果你想成為真正受人尊重的管理者，就要多花些時間、精力，學習和增強與人溝通的能力和方法。

溝通要破除自我中心

在和他人進行溝通的過程中，很多人都傾向於從自己的角度出發，來判斷他人的言行，這是自我中心的行為，自己出於好意的一番舉動，反而可能會給別人帶來莫大的困擾。

一位生物學家想實地觀察一下幼龜是怎樣進入大海的，於是他來到南太平洋的加拉巴哥群島，四、五月左右，小海龜會離巢而出，爭先恐後爬向大海。

一天，有幾個結伴旅行的遊人也來到這裡。他們發現在一處大龜巢中，有一隻幼龜率先把頭探出巢穴，似乎在偵察外面是否安全。突然，一隻老鷹襲來，用尖嘴啄住小海龜的頭。看到小海龜就要成為老鷹的食物，其中一位旅行者抱起小海龜。

生物學家還沒來得及阻止，他就把小海龜引向了大海。頓時，成群的幼龜從巢口魚貫而出。原來，那隻小海龜是龜群的「偵察兵」。現在做偵察的幼龜被引向大海，巢中的幼龜也爭先恐後地爬向大海。

沙灘上毫無遮蔽，很快引來許多鳥類。頃刻之間，數十隻幼龜已成了老鷹、海鷗的口中之物。看著食肉大鳥們紛紛飽餐一頓，發出歡快的叫聲，旅行者都低垂著頭。

旅行者一片好心，但是自以為是，沒有相關知識、不和生物學家溝通，更不了解海龜的習性。

第十章　用溝通搭建一座橋

　　有些主管也是一樣，和他人的溝通中有一套自己的強烈主張。在工作中有主見，可以使自己迅速果斷地作出決定，然而在溝通中，如果主觀意識過於強烈，就會造成一意孤行，無法達到溝通的目的。

　　拿破崙的一名私人祕書身染重病，離職休息，他臨時需要招募下一名祕書。經過激烈競爭後，陸軍部一位先生被選中。可是，沒過多久，這位先生就垂頭喪氣地回到原本的崗位了。為什麼呢？

　　原來，他來到拿破崙的辦公室後，拿破崙示意他坐在椅子上，然後就自顧自地說了一些含混不清的詞語。這位先生不知拿破崙在嘟噥什麼，以為與自己無關也沒在意。

　　不料，半小時後，拿破崙突然走到他身邊說：「你，把我剛才所說的內容重複一遍。」這位先生頓時張口結舌。拿破崙見狀暴跳如雷。可憐這位祕書的椅子還沒有坐熱，就被拿破崙的叫罵嚇破了膽，此後一連五天臥床不起。

　　祕書之所以惹得拿破崙動怒，就是因為他從自己的想法出發來考慮問題。

　　遺憾的是，每個企業都存在一些這樣的主管，他們要不就置上司的意圖於不顧；要不自己理解的與上級的本意相去甚遠。如此一廂情願揣測上級的主管，連上級說了什麼都弄不清，又如何能與上級妥善溝通？如何能做好上級分配的工作？

溝通不是單方面的，既然是與他人溝通，就要耐心地傾聽對方的意見，要學會換位思考，站在他人的立場和角度思考他人表達的觀點。

一天，公司企劃部的小麥興沖沖地來找主管，他興奮地把自己加班一週趕工出來的裝潢設計圖拿給主管，興致勃勃地說：「您看，我改變了設計的傳統想法。這裡用手繪圖案，採取流線型設計，既溫馨又簡約，給人一種感官上的享受。這次客戶肯定會滿意……」

可是，不等小麥說完，主管就不耐煩地收起設計圖紙說：「任何事情都不像你想像的一樣簡單啊！」小麥聽了莫名其妙。原來，主管早已為小麥貼上了「不腳踏實地」、「不實用」、「標新立異出風頭」等標籤。現在看到小麥，主管心裡的聲音是：「他又來了！又在浪費時間。」在這種想法的影響下，他當然聽不進去下屬的話。

結果，第二天，小麥來告訴他：「我今天要提出辭職。我辛苦設計出來的方案，您根本不重視。我想我沒有辦法在一個不受尊重的環境中工作。」

後來，小麥將這個設計方案帶到了競爭對手那裡，竟然引發了一股手繪裝潢的熱潮，對小麥原本的公司帶來了不小的衝擊。小麥部門的同事都埋怨主管不具慧眼。後來，高階主管知道了，也對這位主管的用人能力有所懷疑。

第十章　用溝通搭建一座橋

　　每個員工的性格不同,表達自己想法感情的方式也會不同,如果主管不明白這一點,總是站在自己的立場,用自己既有的想法來看待員工,就談不上溝通順暢。

　　其實,不論在和上司還是下屬的溝通中,主管都要學會換位思考,站在對方的角度去考慮問題。在和下屬的溝通中,主管更需要試著體諒和理解下屬,深入了解下屬的苦衷。因為下屬是被領導者,他們在主管面前,不能像上司那樣直接表達自己的意見,即便對主管不滿也必須暫時掩飾自己的情緒,甚至放棄溝通。如果主管忽略了這一點,還沉浸在主觀臆斷的自得其樂中,那麼很難和員工良好溝通。

　　失去一個員工,也許主管認為無所謂。可是這正表明主管在溝通方面有缺陷,是不稱職的。如果不加以改進,也許會失去更多的員工。因此,這種自以為是的主管,一定要撇開自己的偏見,試著站在上司或者下屬的角度去看待問題,傾聽上司和下屬對自己的意見和批評,這也許可以提醒自己突破自我意識,重視溝通技巧。

主動溝通,讓資訊自下而上湧流

　　在和員工的溝通中,有些主管總是坐在辦公室中,等待員工反饋意見、提出問題。他們認為主管坐在辦公室就好,主動找下屬溝通有失身分,因此始終端著架子,從來不肯主動走進

員工中，聽取他們的意見和建議。如果抱著這種想法，民意怎能自下而上、真實全面、即時順暢地反映到高階主管那裡呢？

要讓資訊自下而上流動，就需要在團隊內架設一條溝通無阻的管道，主管要走出自己封閉的辦公室，與員工主動溝通，才能保證自己能聽見多元、全面的意見，才能保證公司隨時掌握員工的動態，把問題扼殺在搖籃中。不僅如此，主動溝通，也許就會發現隱藏在員工中的精彩創意。這也是做主管的職責之一。

美國管理學者曾經提出過「走動管理」的概念，建議那些高階主管不要整天待在豪華的辦公室中等候部屬的報告，而要經常到各個單位或部門中走動。在他們的著作中，還特別建議部門主管至少應該有一上午的時間走出辦公室實地了解員工工作。走動管理一方面是為了為員工加油打氣，另一方面也是為了及時發現企業的問題，然後直接解決。很多主管因為在這種走動管理中與員工溝通而受益匪淺。

老馬是一家大公司的總經理，他就是透過走動溝通發現了自己用人中存在的問題。

公司下屬的分公司經理是他提議任命的，過去他一直對這位經理印象很好，他有魄力，大刀闊斧，常常能以快刀斬亂麻的方式解決企業中的危機。得益於他的改革，分公司由原來盈利不佳終於步入了正軌。

一天，老馬心血來潮，想在沒有提前通知的情況下直接去檢查分公司的工作，於是就駕車到了分公司。到了之後，這位

第十章　用溝通搭建一座橋

分公司經理剛好正在開銷售會議。也許是因為當時經營遇到了危機，他的壓力過大，老馬在隔壁的辦公室親耳聽到他不時大發雷霆，動不動就威脅、指責下屬。「太專制了！」老馬想。他離開辦公室，找員工詢問詳細情形。員工告訴他，公司員工都懼怕經理，故只報喜不報憂。中階主管們由於害怕告訴經理壞消息而挨罵，索性不再向他報告任何壞消息。

員工的話令老馬大吃一驚，這完全不是自己印象中民主、開放的經理啊！如果行事專制，剛愎自用，員工怎敢暢所欲言？資訊也無法自下而上的流通，在經營中也就無法根據環境的變化採取有效的應對策略了。老馬回去後與其他高階主管商議，決定對這位經理提出意見，如果仍不改進，就提議免職。

後來，這位經理在上級警告後經過反省，發現了自己的獨斷專行，工作作風有了改進。老馬從走動管理中得到啟示，提議公司高階主管們每週都要走動一次。這項措施在分公司也受到推廣。

只有深入基層才能體察民意，了解真相。優秀的領導者都很注重和下屬溝通，主動聽取他們的意見、了解資訊。

如果你到沃爾瑪百貨的主管辦公室找人，很可能會撲空。因為，他們總是馬不停蹄地在各家分店視察。沃爾頓（Samuel Moore Walton）自創業以來就提倡領導者要親自到各家分店走動和視察。沃爾頓本人即以身作則，他每年都要親自造訪數百家以上的分店。他會隨時出現在員工身邊，發現他們工作有不

合規定的地方會糾正他們，甚至會教他們如何減少耗材的使用量來降低企業的成本。他的一舉一動都流露出對員工的關心，也激發了員工的工作熱忱。因為他會不定時地造訪，各個分店經理也習慣於早一點發現下屬的問題並解決，以免釀成危機。他的走動溝通並不是到各個部門走走看看而已，而是蒐集最直接的資訊，以補充上級透過其他管道得不到的消息。因此，沃爾頓與員工的溝通深刻影響著沃爾瑪日後的領導理念。

不可否認，在領導者的工作中，具有聽取下級彙報這種正式的溝通方式，它是必不可少的。可是，這種行政管理式的溝通有時並不利於資訊真實回饋。因為層層上報，很容易造成資訊過濾而失真。另外，透過正式溝通管道蒐集資訊需要一段時間，不易使上級即時做出判斷，往往會因此失去解決問題的先機。因此，走動溝通就可以彌補這一缺陷，由上級主動去蒐集最新資訊，並隨機應變做出最佳的判斷，能及早發現問題並予以解決。

當然，在走動溝通的過程中，主管不能讓下屬產生被視察的感覺，那樣就會使他們提高防備心理；另外，主管必須敏銳地觀察員工所透露出的資訊；同時也應該對資訊做出即時回應。且不宜來去匆匆，否則很難達到預期的效果。

每一次走動溝通不一定都能獲得新的資訊，即使沒有新的資訊也不一定意味著沒有收穫。員工情緒穩定、工作順利，消除了安全隱患，不也正是主管們期望的嗎？

善於傾聽才能有效溝通

溝通不是自說自話，溝通的第一步就是聽。如果不善聽，就會帶來溝通上的失誤。因此，懂得聽且聽得懂，才能談得上有效溝通。

職場上，主管更要重視傾聽。如果不懂得傾聽，聽不清楚上級交辦的事項，就無法條理清晰地將工作安排下去；不懂得傾聽同級之間的意見，合作就容易產生隔閡；若不懂傾聽下屬的想法，就無法妥善接受下屬回傳的資訊，自身或團隊的行動就無法協調一致。因此，在溝通中要善於傾聽。只有透過傾聽，你才能知道對方的真實意圖，才能讓對方打從心底接受你的意見。只有學會傾聽，才能拉近自己與員工之間的距離。

一般來說，成熟的領導者都非常重視傾聽的作用。

玫琳‧凱‧艾許曾在《玫琳凱談人的管理》一書中談及傾聽的重要性時這樣寫道：「我認為不能聽取下屬的意見，是管理人員最大的疏忽。」玫琳凱的企業之所以能夠迅速發展為擁有眾多美容顧問的化妝品公司，其成功祕訣之一就是她十分重視傾聽員工的意見。這一點，玫琳‧凱‧艾許女士不僅嚴格要求自己做到，並且要求所有的管理者都銘記並且落實。

談到聽，很多人認為聽是一種被動的行為，其實，聽者對於交談的投入絕不亞於談者，善聽是積極的行為。

　　比如，上級要下屬去調查一個生產工廠，因為這個工廠浪費嚴重，需要弄清楚狀況，查清楚問題。那些善於聽的主管就能從上級的安排中想到，公司需要的是改善的方案和意見。因此，他們會進行細緻的分析研究，在一份完整的調查報告後附上自己的看法和建議。千萬不要認為那樣做是越俎代庖，這樣的意見正是此刻上級所希望的。想一下，領導者的職責是什麼？解決問題。如果他們只是需要有人調查真實情況，拿一架相機拍下來不就可以了嗎？同樣，主管也是領導者，如果不能針對問題提出改革和加強管理的建議，無論你進行了多麼細緻的調查，情況摸得多清楚，問題查得多準確，上級都不會滿意，甚至會認為你的主動性太差。

　　因此，善聽不僅需要帶上自己的耳朵，更重要的是要帶上自己的大腦，需要有超前部署的能力，千萬不能把上司交代的任務當成新聞一樣報導給聽眾，而不加任何評論。

　　至於傳達命令時，更需要正確領會上司意圖，準確無誤地傳達。此時更需要善聽。因為上頭交代任務，往往就是簡單的幾句話，有時可能讓人摸不著頭腦。如果你對上司意圖似懂非懂，便想當然去辦事，結果事辦完後很可能與上司的要求南轅北轍。因此更需要用心去聽，用腦去思考，結合目前的工作實際做出正確的判斷。

　　至於對下屬，也需要用心去聽。有些主管在和員工溝通時往往不等員工說完就揮手要人下去，或者員工講員工的，上司埋頭

第十章　用溝通搭建一座橋

處理自己的工作，這些肢體語言會讓員工感到上級並不尊重自己的意見。因為現實生活中有這樣的情況：聽者不在意對方說的話，雖然裝著在聽，其實在考慮其他毫無關聯的事情，只是在敷衍著聽，等著對方快點說完。這樣只會讓說者反感。因此，在和下屬的溝通中更要專心，不要讓他們對自己產生誤會。

　　不論在和上司還是下屬溝通，以下幾點有助於你更好地傾聽：

1. 首先，要表現出很願意聽的神情。高效率的傾聽者會專注地聽，不因外在事物與內在狀態而分神。他們會避免幾個不良習慣，如挑剔存疑的眼神、不屑一聽的表情、坐立不安的模樣、插嘴等。

2. 要有耐心，按捺住你表現自我的欲望，鼓勵對方盡情表達出來。因為把自己的想法說出來並不是目的，管理者真正的目的是使下屬接受自己的觀點，讓下屬與自己針對某個問題達成共識。只有首先獲知下屬的想法，管理者才會使自己的說法更有針對性。

3. 適時地對下屬的話進行回饋。使用簡單的語句，如「我明白」、「不錯」等，或者透過「說來聽聽」、「我有興趣」等話語，來鼓勵談話對象談論更多內容。這表明你正在認真傾聽，是對下屬最大的尊重，能夠與下屬這樣溝通的上司會大大激發下屬的積極度。

4. 將對方的講話重點記錄下來，從中找到有益的觀點和建議。在說話者的資訊中尋找感興趣的部分，這是獲取新的有用資訊的途徑。這種做法在對上司和下屬溝通時都可以使用。

5. 反覆分析對方在說什麼。設法把聽到的內容和自己連結，判斷有無言外之意。這一點通常用於和上司溝通時。

6. 多聽少說，可以適時發問但不可妄下斷語。要讓對方把話全部說完，再下結論。好的傾聽者不急於做出判斷，而是能夠設身處地看待事物。

有效的傾聽並不是與生俱來的本領，是在實踐中鍛鍊出來的。如果你遵循上述各項建議，並確實設身處地為對方著想、專心聽別人說話，你的溝通實踐就成功了一半。當下屬意識到自己的談話對象是一個傾聽者時，他們會開誠布公地給出建議，分享情感。這就有助於管理者和員工共同解決問題，使資訊分享對部門產生正面的影響。

和上司溝通，方式很關鍵

一般來說，和上司溝通包括自上而下的溝通和自下而上的溝通兩種方式。如果是上司對下發布指令、安排任務，就是自上而下的溝通；如果是下級向上級彙報請示，就是自下而上的溝通。不論是哪一種種方式，在和上司的溝通中都要掌握一定

的方法和技巧。

▶ 自上而下的溝通方式

　　在和上司的溝通中，正確理解他們的意圖十分重要。如果理解不清就去執行，往往無法好好完成交辦任務。

　　很多公司經常出現這樣的問題：上司把任務指派給下屬，下屬接受了，可是在執行過程出現偏誤，這是為什麼？就是因為下屬沒有正確理解上司的意圖。這樣既影響工作效率，也會引起上下級之間的誤會。

　　你是否也遇到過這種情況？如果回答是肯定的，這就表明你在上司的溝通中存有缺陷。

　　如果自己對上司發布的指令、任務確實一知半解，那麼，一定要問清楚。這並非表示自己理解能力低。有些時候，高階主管們可能因為一心開發市場，在企業內部的時間較少，不清楚近期發生的狀況，因此小主管更需要問清楚自己不懂的地方，即便是細節也不容疏忽。如果連自己都不清楚，員工在執行效果上就會大打折扣。

　　對上司的命令準確理解後，還要用自己的語言複述一遍，這也是必不可少的。這一點可以用船員們的經歷來說明。在海上航行時，當船長下令說「左滿舵」時，輪機手通常會回答「滿舵左」。他並不是重複上司的指令，而是從另外一個角度表達自己的理解。唯有當下屬能結合自己的工作經驗，把理解的

意思用不同的方式複述一次，上司才知道下屬是否真正理解了自己的意思。另外，對上司做出回應或者給出明確的答覆，也便於他們安排下一步的工作。

和上司的溝通並非僅限於弄清他們的意思，在工作中還需要繼續溝通。如果在完成任務的過程中，需要其他部門的配合或者需要動用公司資源時，也需要告知上司；如果部門不能按要求完成任務時，更需要告訴上司，讓他們了解情況，以便及時發表補救方案。

最後，在工作完成後還要向上級做結案彙報。這樣才算完成了溝通的全過程。

▶ 自下而上的溝通方式

如果是自己主動和上司溝通，更應該掌握一些有效溝通的技巧，比如：

1. 約定溝通的具體時間。提前與上司預約，確保他們安排正式的時間會談。

2. 談話前做好充分的準備。談話時間寶貴，為了達到溝通的良效，最好提前做好充分準備。必要時要針對性地收集相關資訊，對現有的資料進行取捨，以便找到具有說服力的論據來支持自己的觀點。

3. 有的放矢。有些人與上司溝通時，常常出現以下狀況：上司一邊做別的工作一邊聽他講，表現得心不在焉或顯得不

耐煩。如果遇到這種情況，你不妨想一下：你所說的是否正是上司需要聽的？

如果不是，要考慮一下上司想從你這裡知道什麼，甚至會提出哪些理由來反駁你。經過全盤考慮，知道了上司的關注點，你才能說到關鍵處，溝通才會有的放矢。

4. 克制情緒衝動。在和上司的溝通中，他們說的某些話可能會讓你難以忍受。此時，切記要克制自己衝動的情緒。對此，「兩秒鐘原則」就是一個不錯的辦法。開口之前在心裡默數到二，停兩秒鐘再說話，以避免你不自覺地說出一些不必要甚至過分的言語。

總之，溝通包括很多方面，也有許多技巧需要掌握。如果你在工作中想引起上級的重視，一展才能，就必須重視並且運用好這一職場利器。

部門間溝通，同理心很重要

部門間溝通就是為了共同協作，有效降低企業內部成本，順利達成企業目標。部門間如果溝通順利，可以使部門間情感融洽、增進部門的活力、達成共識。

但是，每個部門主管在合作中會考慮本部門的利益，有時難免會出現相互推諉的現象。因此部門間的溝通需要主管們以

同理心互相理解、換位思考。這樣才能達成共識、相互配合。

要達到這樣的目的，下面幾點是需要注意的：

▶ 有大局觀

同理心溝通最基本的要求是應具有大局意識，有共同的目標。

雖然每個部門都有需要達成的小目標，可是這些小目標總歸還是圍繞著達成公司的大目標來進行，協作中有時需要犧牲自我利益、犧牲局部利益，主管們對此要有充分的認知。如此才具備合作的共同基礎。

▶ 有責任感

由於各級主管擔負的職能不同，責任的要求也不同。對高階主管而言，能站在行業的高度引領公司發展的方向是他們的責任；對中階主管而言，能站在公司整體利益的視角擔負起部門的使命，是他們的責任；對基層主管而言，有使命感、能率領員工完成任務就是他們的責任。

如果部門配合涉及以上不同層級，更需要各級主管堅守自己的責任，在分工明確、各負其責的基礎上彼此配合，各部門就不會相互推諉了。

第十章　用溝通搭建一座橋

▶ 相互尊重

在溝通中要相互尊重，唯有給予對方尊重，合作才能愉快、順利。溝通中的同理心，就是要學會換位思考，能站在別人的角度來看問題，了解對方在說什麼，理解對方的意圖和表達方式，甚至能理解對方言語背後隱含的想法。因此，即便反對對方的觀點，也要讓他們全部表達完整，不能粗暴打斷，更不能諷刺以對。這樣才能稱得上相互尊重。

另外，溝通中的同理心也要求對方能理解自己。若對方不尊重自己時，可以適當地請他們注意。這也是同理心應該具備的。否則彼此都難以同理對方，就很難溝通了。

▶ 靈活適應性

部門溝通需要具備高度的靈活適應性，不能將自己部門的某些原則當作亙古不變的法則來執行。要以達成企業大目標為目的，靈活調整自己的行為，尤其是當有些部門不了解或者不支持企業變革，企圖阻礙時，自己要先做出表率。

有有家公司每到月底，財務結算總是無法正常反映本月收支。因為人資總是到每月最後一天才結算薪水，結果財務部的收支工作只能延後到下月進行。

經理為了對每個月的收支情況做到心中有數，於是提議人資提前兩天結算薪資，讓財務部的結帳時間也可以提早兩天。這本來是需要部門之間配合的事情，可是人力資源主管提出異

議，這樣一來他們的工作安排全部被打亂了，他不知道那些沒有工作到月底的工人薪資如何結算？

後來人資主管知道經理的決心已定，考慮後決定讓步，調整了薪資發放安排。同時要各部門探察月底兩天的工人出勤情況，以便發薪資時核對。這樣更改過後，他們發現員工出勤雖有意外變化，但為數極少。

最終，人力資源部所作薪資發放的時間調整，達成了經理制訂的目標。

這種靈活適應性也是符合同理心溝通的。同理心不要你把對方駁倒，而注重達成共識、解決問題。如果部門間溝通時不是基於同理心而是基於本位主義，就不利於大目標的達成。因此，帶著一顆同理心交流，各部門之間就會互相諒解。

▶ 克服路徑依賴

既然是溝通協作，就要克服路徑依賴。

研究表明，人們一旦選擇進入某一路徑，無論是「好」的還是「壞」的，就可能對該路徑產生依賴。我們在工作中也是如此，如果已經習慣了某種工作方式，也會對這種方式產生依賴性，無論是好還是壞。可是，好的路徑有正面作用，不好的路徑卻會造成負面作用，人們的創造力可能會被限制，甚至失去進一步改良的衝動和熱情。

因為部門間的溝通主體是部門主管。如果部門主管一貫堅

持同理心交流，該部門的所有成員自然會受到主管潛移默化。

因此，在部門間溝通時主管們不能總依賴習慣的路徑，沒有變化意願只是一意孤行，可以多傾聽一些對方的聲音，追求和對方達成共識，這樣對員工也會造成好的影響。

總之，在部門協作中堅持以同理心溝通能促成大家形成大局觀，抑制那些不顧大局的行為。這種大局意識能為各個部門的工作導航，並可長期適應公司的發展方向。

掌握多種溝通方式，提高溝通效率

企業中最常見的溝通就是書面報告及口頭傳達，但前者最容易掉進層層官僚體制當中，失去溝通效率；而後者則易為個人主觀意識所左右，無法客觀傳達溝通內容。

當主管們開始因為以上這些不良的溝通方式苦惱時，可以採取不同以往的溝通方式改良。

▶ 鼓勵上行溝通

我們知道溝通有上行溝通、下行溝通和平行溝通三種方式。除了向上司彙報和部門之間的平行溝通外，主管還應該提倡對員工之間的溝通，鼓勵員工向上級直接說出意見和想法。對員工來說，這是一種精神上的滿足，因此，作為主管要給員工這種上行溝通的機會。也可以透過制訂相關的制度來保證上

行溝通的順暢，比如定期召開員工座談會，設立部門的意見箱，制訂定期的彙報制度等，鼓勵這樣的行為。

▶ 平等溝通

我們知道，高效溝通是建立在平等的基礎上的，如果溝通者之間無法做到平等，溝通的效果就會大打折扣。

尤其是主管和下屬溝通，如果不能保持平等的態度，使員工覺得主管高高在上、高不可攀，所進行的溝通一定難以順暢，而會遭遇很大的阻力。因此，在和下屬溝通時要保持平等的心態。

▶ 變單向溝通為雙向溝通

許多企業之中，溝通只是單向的，即只是上司對下屬傳達命令，下屬象徵性地表達同意。這樣的溝通就不是有效溝通，不僅無助決策層的監督與管理，也會挫敗員工的積極性及歸屬感。所以，單向溝通有必要變為雙向溝通。

雙向溝通的好處在於主管可以即時發現員工中隱藏的問題。企業利益和員工利益難免會產生衝突，唯有善用溝通的力量，才能使雙方相互了解，及時調整雙方利益，化解衝突。

雙向溝通的方式有許多種，其中的關鍵是領導層應尊重員工的意見，即使員工所提建議不能被採納，也要肯定其主動性。如果建議可行，則要公開嘉獎，以示鼓勵。

第十章　用溝通搭建一座橋

▶ 幫助員工改善溝通技巧

由於公司內部人員各有所長，在同樣的溝通方式下也會產生各種不同的效果。要從根本上解決這個問題，就需要持續地內部教育，使企業員工在現代企業的溝通需求中也能如魚得水。

▶ 因人而異

溝通的技巧要因人而異、對症下藥，比如，對於有能力的人，以信任和放權為溝通的基礎，激發其責任感；對於能力平平而遵守紀律的人，針對其薄弱之處多作鼓勵，給予缺點適當回饋，讓其發現自身不足而主動改進；對於能力平平、紀律也很差的人，可以採用即時肯定及期許性鼓勵的溝通方式，培養其責任感，溝通也會卓見成效。

▶ 投其所好

溝通很講究投其所好。這種投其所好不是曲意巴結逢迎，而是摸透對方的心理，這樣的溝通對方就樂意接受。

在企業的溝通中，主管們也需要學習這種本領，不論對上、對下，還是對平級，摸透他們的心理需求，溝通就可以收到事半功倍的效果。

有位部門經理在與上級溝通的時候很順利，就是因為他掌握了上級的心思，這位上級非常喜愛安靜，寧可獨自一人靜靜地看下屬的彙報資料，思考解決問題的對策，也不願聽他們口

頭彙報。他認為太浪費時間，也不利於自己發現問題。

　　了解到上司的這種想法，該部門經理就用電子郵件把彙報資料傳了過去，這樣正好順應了上級的心理特點。他可以在有時間時隨時翻閱，仔細考慮再做出決策，比起堅持闖入辦公室彙報的其他同事，他也得到上級更多的關注和讚賞。

　　當然，沒有人天生就具備良好的溝通能力，因此，要掌握有效溝通的方法需要在工作中鍛鍊和不斷摸索。這樣才能提高自己的溝通能力，溝通起來也會產生好的效果。

　　溝通不僅可鍛鍊主管的管理能力，而且透過溝通，可讓上下級之間相互了解、相互接近，達成共識，營造和諧的團隊氣氛，推動企業成長更進一步，這才是有效的溝通。

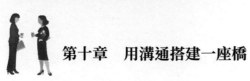

第十章　用溝通搭建一座橋

第十一章
掌握和同事交往的藝術

第十一章　掌握和同事交往的藝術

　　主管在自己的職業生涯中，不得不與形形色色的人物打交道，除了上下級、客戶，當然還有職等相近的同事。同事中什麼樣的人都有，既有和自己志同道合、情趣相投、配合得力的，也有自私狹隘、充滿敵意、中傷自己的，還有冷眼旁觀、不願協助的。於是，許多主管常因處世不夠老練，人際交往不夠圓熟，而大感難為。

　　可見，想要處理好同事關係，還得掌握一定的交往藝術。

同事之間，合作為先

　　據國外一家調查公司的資料顯示，在企業的人際關係中，同事關係已經成為困擾職場人的重要因素之一。

　　有些主管把同事當成對手，這是大錯特錯。首先，從公司的組織結構看，管理階層是企業核心，而所有成員都是整體中的一個部分，相互之間是唇亡齒寒的關係。

　　主管和同事之間也不例外。雖然每個部門主管所擔負的工作都具有差異性、特殊性以及一定的獨立性，但是它們之間更多的是共同性。任何一部分配合不力，都會直接影響全局。如果各部門互不合作、各自為政，部門成了主管的個人舞台，公司就無法一同前進。從這個角度來說，同事之間需要互相協作。

　　其次，從主管的自身能力來說，每人都有所長，也各有所

短，唯有密切合作才能截長補短，提高自己能力，同時增強整個管理團隊的戰鬥力。

最後，從企業發展的角度來看，主管處理好和同事之間的關係不僅是個人事務，也是關乎企業進步的大事。因此，主管之間要建立整體意識，既要把責任歸屬判斷明確，又要發揚團結協作精神。

要團結合作，就要在他人或者其他部門遇到困難時熱情主動地給予幫助、積極合作。任何一個系統的能力都來自系統內部各個元素之間的加乘作用。企業發展也是如此，企業的團結、穩定，就來自每個員工和每個管理者的加乘。尤其是各部門之間，如果主管們親密合作、團結一致，眾志成城、萬眾一心，共同作用於企業的總目標上。

要團結合作，就要有集體觀念。任何一個團體都有與其所有成員息息相關的集體利益。在各部門主管的團結協作中，應該以企業利益為前提，形成管理群的內聚力與向心力。這樣的力量才是推動企業向前發展的力量。相反，如果每個部門主管只關心自己部門的利益，就無法形成合作的局面。

例如，在企業中，行銷部和售後服務部由於分工不同，經常會產生衝突。行銷部門為了銷售產品，可能會誇大一些事實；售後服務部門服務時，有些員工為了省事，或為了掩蓋自身技術缺點，也會將問題推至銷售部門。在這種情況下，如果主管

第十一章　掌握和同事交往的藝術

只從維護部門利益的角度出發，就無法形成團結協作的局面，最終會使客戶的利益受損失，進而影響企業的整體名聲。因此，團結合作的前提是要有群體觀。

另外，在團結合作中要克服頤指氣使、唯我獨尊、一意孤行等，自我中心的念頭會嚴重損害同事關係，無法與同級形成互助合作的局面。

須知，各部門之間的合作建立在平等的基礎上，主管和主管之間不論在身分還是地位都是平等的，雖然有些部門業績突出、獲益較高，某些部門沒有什麼特別明顯的業績，或者部門規模較小，可是，這並不代表他們的主管和其他主管之間的地位不平等。誰都不應該以管理者自居，對同級發號施令，認為自己無所不能而目中無人的話，同事絕不會積極配合。

因此，在和同事共同合作中必須克服自我中心。要謙虛謹慎，主動徵求同級意見達成共識，平等地溝通商討解決問題的辦法，從而統一陣線、共同奮鬥。這樣做不僅是主管個人品格的表現，也是為員工做出了示範，透過主管的言傳身教，員工遇到自己無法解決的問題也會和其他部門的同事密切配合，團隊之間互相幫助、截長補短、團結合作的局面就會形成。

因此，切莫把同事當成「勢不兩立」的競爭對手，而應該把他們當成幫助你成功的人來看待，互助才有利於推進企業發展。企業成長後，你和同事都會得到回報。

補臺而不拆臺

同事之間相處最怕互相拆臺。本來很有可能辦好的一件事情，有人拆臺，結果就會搞砸。這道理雖然每個人都懂，可是有些人在和同事合作的過程中，總是做一些蠢事。也許是因為他們心胸狹隘，也許是因為他們恃才傲物。尤其是那些能力出色的主管在和平庸的主管配合時，格外努力表現自己而盡力貶低對方，這也是在拆對方的臺。

拆臺實質上是一種內耗，它使同事之間產生衝突、對立。拆臺不僅使整體目標無法達成，而且會使被拆臺的主管顏面盡失。不僅會引起上級的不滿，而且會使他在下級面前威信全失，今後工作更加困難。

拆別人臺的人，也必然會遭到別人「反拆臺」的報復，你今天打他一拳，就要提防他明天還你一腳，惡性循環最終只能導致兩敗俱傷。

老趙在某大企業分公司任財務主管，他平時工作嚴謹認真，很受總經理的器重。不久，企業面臨改制，事務繁雜，財務科和辦公室成了最忙碌的部門。很多事情都需要老趙和行政主任配合，有時甚至需要他們一同出面向上級彙報。

剛開始，老趙毫無怨言，與行政主任配合得也不錯。雖然兩人地位平等，都是主管，可是在改制前期，文件上報之類的

第十一章　掌握和同事交往的藝術

工作很多，都需要以行政主任為主，因此經理告訴老趙要依行政主任方便配合。老趙沒有想到，行政主任學經歷皆不出色，是靠關係進來的，老趙覺得平常照顧她已經算是仁至義盡，現在居然要自己接受一個能力不如自己的人領導，老趙氣不打一處來。

因為心裡不服氣，在對總公司彙報中，忙得暈頭轉向的老趙竟然當著總公司財務長的面發牢騷說：「行政主任什麼也不懂，簡直快把我累散架了。」財務長一聽，開玩笑說：「那主任也應該讓賢了。」老趙笑了笑。

殊不知，沒有多久，總經理就把老趙叫去訓斥了一頓：「老趙，你這麼大歲數了說話也不經過大腦。你在總公司說這樣的話不是明擺著在拆同事的臺嗎？行政主任那天來我這裡哭鬧要辭職，你收拾這個局面吧。」

後來，當老趙需要和行政主任一起工作時，主任就回過來一句：「像我這麼沒用的人還是別和你搭檔吧。小心拆了你的臺。」這還不止，當老趙需要其他部門主管配合時，他們總是謙虛地說「我們恐怕沒有那個能力，會讓你丟面子。」老趙不明白，自己的人緣怎麼變得這麼差了。

一般來說，主管作為領導者，應有較高的人品，不會故意去拆同事的臺。但是即便不是故意的，也會對他人造成不良影響。

在一家公司工作，同事之間自然有緣。同事能力再平庸，也是自己的夥伴，應該幫助他，而不是貶低他、讓他丟臉，不

但不能拆臺，而且要想辦法「補臺」，替同事「打圓場」、「爭面子」，支持他們做好工作，這樣也就等於為自己爭取到了一個「好幫手」，何樂而不為呢？

熱情助人要適度

同級之間的工作總是相互關聯的，要完成任務不能沒有相互合作，既然需要合作，就需要熱情互助。按理說熱情助人總是受歡迎的，幫助同事不僅是相互之間友好關係的表現，也是助人為樂的行為。但是，熱情也要講求分寸，掌握得宜，那樣熱情才能給人自然、舒服的感覺。如果表現過度，讓人感到不舒服，熱情反而會變得多此一舉，甚至弄巧成拙。

阿亮在市場部做主管的副手，他是從別的城市應徵進來的，來到一個陌生的環境，面對未曾經驗的工作內容，很多工作不熟悉，管理起來也放不開。物流部主管小李看在眼裡，主動提供了許多幫助。特別是在開發市場的部分，由於小李熟悉路線和客戶的倉儲情況熟悉，替阿亮節省很多時間，阿亮心裡非常感激。

半年多過去，阿亮熟悉了工作的內容，有了長足的進步，可是小李還經常在公開場合幫他做這做那，這讓阿亮感到很不自在，彷彿自己離開小李就無法獨立工作一樣。

一次，小李聽說市場部要開發外地市場，熱情地對阿亮說：

第十一章　掌握和同事交往的藝術

「那個地方的地理環境我很熟，有我幫你，不是問題。」市場部的員工聽到小李這番話，都用懷疑的眼神看著阿亮，阿亮冷冷地回答：「我自己來。」小李對阿亮這種態度很不滿意，埋怨阿亮狗咬呂洞賓。

雖然同級、同事之間需要合作，可是幫忙也要適度。當他人對工作陌生需要幫助時，應該及時提供。可是在他們熟悉工作後還包辦一切，對方可能就不會領情了。像小李這種過於熱心的幫助方式就不恰當，明明阿亮已經具備了獨立工作的能力，小李還是熱情幫忙，會讓他人懷疑阿亮的能力，或認為小李是想趁機展現自身的優勢或價值。因此，幫助同事一定要適可而止。對方自己可以解決的問題就不要去幫，對方不請自己幫忙也不要自告奮勇。否則，自己認為是熱心，他人可能認為是亂插手。

需知，每個部門的主管都有自己的管轄範圍，也有自己的明確分工。作為同事，如果經常插手別的管理者職權範圍內的事，不但會令對方的自尊心受損，而且還會被對方看成是「奪權」的行為，對方自然會不滿意。

同級之間，完成自己的本職工作後，在他人需要幫助時可以幫助他人，只是要掌握分寸和尺度，做到點到為止和雪中送炭兩個準則，互助而不攬權，支持而不包辦。這是對其他同事充分信任和尊重的表現，亂插手只會招致同事不滿。

　　所以，如果你是個很熱心的人，在和同事交往時不要事事處處都熱心，對同事的事不分青紅皂白都插手，管得太寬，別人反而會厭煩。有些時候，你的關心恰恰是他們所討厭的，所以要三思而後行。即便同事在工作中出現了難堪的局面，也要先給他們一個臺階下，再想法幫忙。私事面前更不需要自告奮勇、不請自到。

小心被人當槍使

　　唐朝的李林甫是個心機深沉的人。他為了取得皇上的信任，不惜陰謀詭計。一天，他對丞相李適之說：「聽說華山有金礦，您可以向皇上彙報此事。」忠誠老實的李適之把此事彙報給皇上。皇上一聽很高興，就詢問當時分管物產的李林甫。誰知李林甫這樣對皇上說：「此事是我分內之事，之所以沒有向皇上做彙報，是因為華山為吾皇龍脈所在，恐開採有礙萬代基業，故沒有上奏。」皇上一聽為之感動，遂重用李林甫，而李適之則因為思慮不周被疏遠了。

　　李林甫就是把李適之當槍用了。結果一石二鳥，既陷害李適之，又抬舉了自己。不久，皇上認為李林甫「忠誠幹練，為能士之才」，用之為丞相。

　　能做到丞相職位的人，應該具備很強的洞察力和分析能力，可是自己坦蕩無私不能保證他人也坦蕩，自己正直不能保

證他人也正直。也許正因為自己坦蕩正直、光明磊落，才不會想到防備「暗箭」的襲擊。

雖說職場不是官場，可職場也是小社會，什麼類型的人都有。同事中也有這樣的人，當面一套，背後一套。他們之所以這樣做，一方面是因為他們本身的性格缺陷，另一方面是因為同事之間有利益衝突，但是憑他們自身的實力又競爭不過對方，因此就會採取放冷箭、設陷阱等方式來陷害他們。

如果有些主管沒能及時地識別出他們的用意，誤以為同事之間要互相信任，那麼一旦這些主管和他們的利益發生衝突時，他們就會做出有利於自己的選擇，而置友誼於不顧。因此，提防自己被當槍使，需要有一顆防人之心。

對這類人，不可全掏一片心。凡是他們要求的都答應，凡是他們說的都聽信，就會把自己置於被動不利的位置。另外，任何時候都不能口無遮攔，想說什麼就說什麼。有些話甚至一點口風都不能透露。比如，有時候同事之間或許會流傳小道消息，某某要升遷，某某要被開除，或者公司的一些項目投資決策等。

如果你知道這些消息，千萬不要因為同事的熱情招待，兩杯酒下肚後就把消息和盤托出，畢竟事情還沒有真正發生。再者，你透露這些消息，不懷好意的同事或許會馬上告訴老闆。一旦讓老闆知道你提前透露，會認為你保密能力不強，不可擔當大事。要是遇到此類事，你可以說你無可奉告。

對於像李林甫之類善於偽裝的同事更不能盲目輕信。這類人在潛意識裡已經把比自己優秀的同事當成了對手。這種人平時跟人談笑風生，親密無間，暗地裡可以迅速變臉，或造謠惑眾，或暗箭傷人。對於他們更要敬而遠之。

雖然團隊中的和睦相處需要敞開心胸，但應適度，不要被人利用，要有一顆防人之心。另外，還要適度還擊，讓不懷好意者不敢輕舉妄動。這樣不僅可以保護自己的利益免受損失，還可以避免部門的利益受損失。

不要輕易戲弄人

如果同事間彼此熟悉，開一些無傷大雅的玩笑活躍氣氛無可厚非，幽默的主管通常很受歡迎。可是，如果玩笑過度，取笑他人，揭他人短處，對方就會心懷不滿。這就會影響同事之間的關係，進而也會影響部門之間的工作往來，甚至會影響主管本人的形象。

某科技公司技術部的主管自認為自己才高八斗，再加上相貌英俊、部門員工人數眾多，認為自己責任重大，在主管之中鶴立雞群，便不把其他主管放在眼裡，經常取笑他們。一天中午休息時，他對客服部新來的主管說：「拜託你，把這份報紙的內容幫我念一下。我看電腦時間長，眼睛不舒服。」

客服部主管受寵若驚，十分認真地一字一句地開始念。可是他說話有點結巴，唸完後引起鬨堂大笑。客服部主管這才發現原來自己被捉弄了。

　　這位主管不懂得尊重別人，以取笑他人來凸顯自己在這個環境中的重要地位。這樣做不但於己無益，甚至還會影響部門員工的處世方式和價值觀。

　　因此，在與這種不把他人放在眼中、愛嘲弄別人的主管相處時，不能過於忍氣吞聲，必要時適當反擊，讓對方自取其辱。

　　每個人都不是十全十美的，不論是先天生理缺陷，還是後天地位不如他人，但是每個人都有自己的尊嚴，都有與他人平等的權利。當自己的尊嚴被挑戰時，人們都會奮起捍衛。作為主管，對於形象或者外貌有缺陷的同事不要隨意嘲弄，或者流露出不屑一顧的神態。這樣的人本來可能就覺得自卑，如果氣量狹小者遭到他人的嘲弄會懷恨在心，有機會就試圖報復。到那時，取笑者就要自食其果了。

　　不論在歷史上還是在現實生活中，那些因為取笑他人、開玩笑過分而導致友誼破裂的大有人在，應該吸取這個教訓，珍惜同事之間的友誼。在和同事相處中，對於他們先天的某些缺陷和生活中的某些不如意，需要護短而不是揭短。這樣才能為下屬建立做人的榜樣。

寬容是心靈的甘泉

職場就像一個大家庭，各個成員之間在生活經歷、文化背景、興趣愛好、脾氣性格等方面都有著很大的差異，難免會產生各式各樣的衝突。如果凡事錙銖必較，就會加劇與同事之間的摩擦。如果缺乏寬容的品格，或者不注重這方面的修養，在工作中就會製造出很多衝突。這既不利於自己，更不利於工作。

寬容是理解，也是包容，是一種高尚的品格，它不僅能化解衝突，還能贏得同事的信任。

人非聖賢，孰能無過，每一個人在工作中都難免犯錯，因此每一個主管都應該從維護大局出發，從維護團結出發，寬容同事的錯誤。

《艾子後語》中記載一個故事。一次，艾子和學生在路途中饑腸轆轆，於是吩咐學生去餐館張羅吃食。餐館老闆聽說來意後，說：「我寫一個字，你若能認出，白送你和你師傅吃的；認不出，免談。」於是老闆以手指沾水在桌子上寫了一「真」字，學生不假思索地回答：「真實的『真』字。」結果被老闆掃地出門。

艾子聽後親自出馬，對著餐館老闆的「真」字，令人不解的是，他竟然回答：「直八」。結果，餐館老闆大喜，好菜款待師徒。

當然，學生對艾子的回答很不解，艾子解釋說：「這是不能『認真』的年代。」

不認真，就是要你多多寬容。世界上從來就沒有十全十美、絕對正確的事情。在社會上行走，如果我們隨時用放大鏡、顯微鏡去檢視別人，恐怕對誰的缺陷都容不下。

做主管固然需要認真，可是，如果事事通達，時時明察，活得就太累了。因此，對於那些無傷大雅的事情能寬容就寬容吧。

寬容是做人的高超境界，它是送給他人，也是送給世界最好的禮物。假如用寬容代替仇恨，必能帶給人們與人為善的力量，這樣就會讓人們覺得處處是綠水青山、碧雲藍天，無一不是令人賞心悅目的美景。

靈活應對各類同事

工作中，同事走到一起是為了達成企業的共同目標。然而在達成這一共同目標的過程中，每一個人所扮演的角色又各不相同。有時候，他們人性中的優點和缺點也都會表現出來。對此，不必過於驚訝，也不必太擔驚受怕。兵來將擋，水來土掩，以不變應萬變，針對每個人的特點給予不同對待，就可以和他們和睦相處。

▶ 遇到口蜜腹劍的同事，不可全拋一片心

面對表裡不一、口蜜腹劍的同事，他和氣，你應該比他還要和氣；他笑著和你談事情，你就笑著點頭。如果他讓你做的事情太過分了，也不要當面回絕或者與他翻臉，你只需笑著推脫即可。

▶ 遇到喜歡吹牛的同事，不要與他較真

假如你遇到喜歡吹牛的同事，要與他打好關係，但切忌被他吹昏頭腦，一定要心中有數。

▶ 遇到尖酸刻薄的同事，適當保持警覺

尖酸刻薄的同事，在公司裡常招致其他同事的厭惡。他們生來伶牙俐齒，冷嘲熱諷樣樣擅長，與同事爭執時常常不留餘地，令他們顏面盡失。因為他的行為不招人待見，所以在公司裡一般沒有什麼朋友。

假如這類同事不幸是你的搭檔，可與他保持一定的距離。如果聽見一兩句刺激你的話，就當成耳邊風，絕不能動怒。當自己要換工作或者其他人事異動，在事情還未敲定時，也不要讓他知道。

▶ 遇到喜歡挑撥離間的同事，言行舉止要慎重

有的同事喜歡挑撥是非，往往會使整個公司人心惶惶。這

類同事帶給公司巨大的破壞和影響。但是，公司有時也會重用他們。因為他們巧舌如簧，會千方百計為自己辯解。應對這類同事，除了要謹言慎行，與他保持距離以外，還要聯合其他同事，團結一心，讓他沒有挑撥離間的機會。

▶ 與志同道合的同事變成朋友

同事之間總會有志同道合的對象，可以與這樣的同事發展成朋友關係。你可以採取主動，積極尋找合適的話題。適宜的談話內容有利於彼此之間感情的交流。話題可以是工作，也可以探討家庭生活、子女教育等，這些都益於結交朋友。無論如何，兩人修養相當、觀念相近時，更容易成為長期朋友。

▶ 遇到才華橫溢的同事虛心學習

才華橫溢的同事，見識不同於常人，他們的能力十分突出，通常是團隊的前鋒、頂梁柱。遇到才華橫溢的同事，假如你們志向一致，大可虛心地向他們學習，攜手共同進步。

▶ 遇到翻臉無情的同事要留心

有的人風平浪靜時還能和睦相處，一遇到利害衝突時，便會變成另一副嘴臉。這種翻臉不認人的同事即使因為一件小事也會翻臉。和這類同事合作的時候，一定要記住「留一個心眼」，不要在友誼升溫時就把自己的全部家底和看家本領都告

訴他們，以防友誼一降溫，他們翻臉不認人，以此對付你。

　　總之，同事之間要相互尊重，真誠以待。大多數同事都可以與之往來，值得學習和幫助。因此，不僅要把那些性格、脾氣和相投的人納入朋友範疇，也要注重結交其他人。這樣才能換得多數人的理解和支持。

　　主管有良好人脈，不但有利於部門工作，也可以為下屬建立榜樣。

第十一章　掌握和同事交往的藝術

第十二章
掌握被領導的原則

第十二章　掌握被領導的原則

　　在職場中，領導者左右著員工的成長，那些做出一番事業的成功人士無不深諳做下屬的學問，從而博得了上司的好感，因此領導者才重用和提拔他們。可是那些不懂得被領導的原則和藝術的人，即使才高八斗也可能不被重用，甚至還會遭到排擠。

　　想要從眾人中脫穎而出，既不能做只顧埋頭拉車的黃牛，也不做錯位、越位、蔑視上級的獨行俠。而要懂得和主管步調一致，關鍵時刻為上司分憂解難，替他們補臺。當然，遇到品行不佳的上司，也不能盲目追隨，要懂得保護自己。如此，既保護了自己的利益，也保護了部門員工的利益。

和上級步調一致

　　幾乎所有高階主管都希望中階、基層管理者不但有才華，而且要有大局觀，和上級步調一致，因為他們在員工中有著領頭羊的作用。如果他們不配合上級，自作主張，或者故意和上級唱反調，上級的正確決策就無法執行。

　　如果在執行過程中不顧全大局，往往會損害公司的利益，上級的威信也會受到影響。長此以往，其他員工仿效他們的做法，整個團隊就毫無紀律性可言了。因此，上級領導最關注的就是下屬能否和自己步調一致。

可是在不少企業中，仍然存在中階和高層配合不周的情況。

很多主管都想當然地認為自己領悟力沒問題，殊不知，他們大多是從基層提拔上來的，現在經歷職位變化，考慮問題的方式卻停留在原來的角度上，還沒有達到主管應有的高度，結果就會出現與上級步調錯位的現象。

一位和汽車打了多年交道，精通從製造到銷售全過程的經理被迫離開任職的汽車製造公司，對此很多人都感到不解，這麼有能力的管理者怎麼會離職了呢？

原來，這位經理在宣傳活動中無法與上級保持步調一致。

其一是冒進。當時該經理的團隊對外宣稱：旗下汽車新品將有 120 輛出口敘利亞，公司已經與敘利亞簽訂出口協議。可是消息發布後，公司很多人都說自己沒有聽說過此事。

當時，高層正與敘利亞進行談判，事情並未成定局。如果不成功呢？外界會怎樣看待他們？該銷售經理沒有考慮到這些。

其二是偏激。當時這家中小型製造業必須與眾多跨國公司交手，那些都是業界元老，在這位經理的帶領下，身為晚輩的公司卻不設法與他們交好、尋求合作，反而表現得不可一世。這必然會引起衝突，使公司面對的壓力超過承受。

作為銷售經理，想提高產品知名度、提升公司的形象，當然無可非議。然而銷售策略再完善，也要與公司的策略相互配合。如果不考慮自己所作所為對公司帶來的影響，最終會偏離

公司的前進目標。這位經理只從部門的利益去考慮,一心帶動自己的銷售額成長,顯然與高層的意圖相差甚遠。最終不得不離開公司。

在其他企業中,主管不能與上級保持步調一致的情形時有發生。儘管他們不是有意為之,可是同樣是費力不討好。

射擊講求準心,主管在工作中也遵循這個原則,要明白什麼是公司的重點,一切圍繞著重點進行,否則就偏離了公司的奮鬥目標。

老劉在這方面也吃過苦頭。他在某大型超市採購部負責民生消費用品的採購。他在與一位客戶談判時費盡九牛二虎之力,終於以較低價格談成合作,老劉急忙向上級打電話報喜,本以為自己為公司節約成本的行為會得到上級褒獎,然而上級領導聽完老劉的話,態度卻不冷不熱,甚至連一句表揚的話也沒有,老劉不懂,節約一分就是賺一分啊!這麼大的進貨量,一年下來不知能為公司省出多少利潤哪!

老劉回到公司後,直接前往上級辦公室,想探問究竟。他看到上級對他的到來沒有表現出絲毫的欣喜,便問道:「您一直在公司內倡導節省開支,這次在談判中,我把交易價格降低了這麼多。難道我做錯了什麼嗎?」

上級回答:「你只知其一,不知其二。這個客戶對我們十分重要。他們原本為我們的競爭對手供貨。這次是經過高層努

力，終於答應和我們合作，我們才有機會取得和他們的長期合作關係。誰知你只想壓低成本，把價錢降到這麼低，他們一定不滿意，和我們恐怕也沒有下次交易了。我們前期所花費的心血豈不是白白浪費了嗎？」

老劉聽後忐忑不安地說：「這些我並不知道啊！」

上級嘆了一口氣：「我們一直沒有大型供貨夥伴，難道這些你不知道嗎？突然要你去和這麼大的客戶合作，你定下底價後應該和我們溝通一下，如果有問題我們才能及時糾正。」他停了停又說：「哎，也要怪我，這些天太忙了，忘了叮嚀。」

老劉聽到這些，欲言又止。他的確只想到要降低價格，沒有考慮要和大客戶維持長期合作關係。

老劉之所以吃力不討好，就是因為他的行為和決策層的心意背道而馳。

所以，主管們在做任何一件事以前，一定要先弄清楚上司希望你怎麼做，以此為目標掌握做事的方向。如果不知道上級最關注的是什麼，一知半解就開始埋頭苦幹，到頭來可能就是事倍功半。

要從根本上解決這個問題，主管們在平時思考的時候，就應使自己的想法與上級同步，另外還要提高自己的觀察力，洞悉上司的期望，上級希望達成哪些目標，就按照他們的期望去執行。

要對上級有全面的了解，就需要在平時與上級溝通的過程中，留意上級注重的重點，以及在不同的階段有哪些新的關注點。一般上級在分配工作任務時會強調工作要達到的目標，這些目標就是上級的關注點。

如果自己對上級的安排有不明白的地方，可以直接徵詢上級意見。把自己所理解的工作重點告訴上級，盡量在工作未執行之前解決有疑問之處。

最後，當你完成工作任務後，還要徵詢上級對工作成果的意見，檢驗自己的行為是否令上級滿意。以確認自己和上級步調是否保持一致。

與上級步調一致，不僅可以保證公司的決策落實到位，而且還可以提升部門的工作效率。

不要對上級的錯誤指手畫腳

有些人總認為自己有才能就能得到重用，順利走向成功。但是，要在社會上生存，還需要掌握與他人打交道的藝術。處理人際關係並非要我們八面玲瓏，但是也需要考慮他人的感受，適當講究一些策略，特別是在對上司提意見時更要注意方式。

▶ 注意維護上級的面子

主管本應配合上級工作、維護上級的形象。作為下級必須維護上級的臉面，即便在他們犯錯時也一樣。

這麼說並不是暗示你不能反應任何問題，而是要考慮向上級提意見的方式。上級的過錯可以討論，也可以提出不同意見，但是一定要注意方式、地點。對於可能會對工作造成損失的問題可以提出異議，但最好是單獨面談，以維護上級面子。

▶ 不要站到上級的對立面

有些主管非常富有正義感和表現欲，特別是熱血衝動的年輕人，常常把「為民請命」視為自己的使命。一旦下屬對上級有意見，卻因為膽小謹慎不敢提，這些人就會自告奮勇地擔當向上級請願的義務，而且不管方式、不顧上級的自尊心，只希望上級改變主意。殊不知，這並不是提意見的正確方式，也沒有盡到主管的職責和義務。

▶ 認清自己的職能

從企業的組織結構來看，主管以中階管理者或基層管理者占多數，承擔著將上級的決策和指示傳達給下級，並且保證決策和指示受到貫徹執行的責任。公開批評上級無形中會削弱上級的權威，下屬在執行決策的過程中也會持懷疑態度。如此，增加了決策執行的難度。

▶ 提高解決問題的能力

優秀的主管應能夠幫助上級改正錯誤。上司重用幹部主要是為了解決問題，最看重的便是下屬解決問題的能力。因此，主管在面對上級的錯誤時，正確的方法是採取行動幫助上級改正錯誤，或者讓他避免以後再犯此類錯誤。

▶ 主動彌補上級的短處

西方有一句諺語說，侍從眼中無英雄。與英雄接近的人，總能發現英雄的缺點。但侍從眼中所見的缺點，無害其為英雄，更無害於他們在歷史舞臺上呼風喚雨。

既然金無足赤，人無完人，那麼，一個聰明的主管就要懂得彌補上司的短處。比如：

你能幫助上級避免哪些錯誤？

你能幫助上級減輕什麼負擔？

做哪些事情才能使上級挽回影響，使他更出類拔萃？

總之，糾正上級錯誤的最好辦法就是共同商量，拿出解決問題的辦法，這樣的主管才是合格的。

巧妙應對上級侵權

職場之中，主管被上司「侵權」是常事。雖然這些在上司看來並不是什麼大事，但是對部門主管卻會產生非常不利的影

響，不僅員工會懷疑主管的領導能力，凡事都向上級報告、請上級定奪，而且客戶及合作夥伴也會質疑主管的決策能力，增加主管的溝通成本。這些都會增加主管工作的難度。

當你遭遇這些情況，你該怎樣辦？

首先要分析上級侵權的原因。一般而言，主管被上級侵權，有如下幾種情況：

- **上級無意為之**：很多高階主管，特別是經歷了企業的草創期的老闆們，都有著強烈的責任心和領導欲，凡事都要自己插手才放心。雖然現在公司已經建立了完善的管理制度，但他們的習慣仍難以改變，當他們看到問題時便會不自覺地越過下級主管，直接與員工或者客戶及合作夥伴溝通。在他們的內心，絲毫沒有意識到這種做法會對下屬產生不利影響。

- **上級對主管不信任所致**：這種不信任常常是對於經驗、能力方面，特別是新上任的主管，上級擔心主管無法按照自己的要求執行工作，為了更加保險，有時便主動出馬，以使事情在自己的控制範圍之內。

- **上級疑心重所致**：有些主管不信任下屬是因為疑心病重、自信不足，他們擔心下屬在員工中建立聲望會功高蓋主，擔心下屬和客戶結成聯盟會損害自己的利益，因此事事都要插一手，或者親自和員工溝通，或者指派他人與客戶溝通。

第十二章　掌握被領導的原則

當上級沒有透過主管而直接插手部門的事情時，主管心中都會有一些不滿。面對這些情況，有的主管懾於上級的權勢，不敢直接與上級溝通，讓他們了解自己心中的感受，自己忍氣吞聲，忍受著被侵權的痛苦。

其實，無論是何種原因引起的侵權，主管都不能若無其事，而應針對不同的情況採取不同的解決策略。因為長期下去，不但自己被冷藏，也會激起與上級之間的衝突，必須以最快的速度解決衝突，不能採取置若罔聞或聽之任之的態度。

· **虛心求教**：對於第一種侵權，主管要表現出謙虛的態度，請教老闆一些管理或者技術方面的問題。這樣的老闆都是好為人師的，也許會讓你受益匪淺。他們之所以事必躬親，或許是為了宣示自己的領導力，但也是為了傳授自己的經驗。下屬多忙於工作，忽視向他們請教的重要，經常向他們求教，就可以滿足他們表現的欲望。

· **婉轉表達**：另外，對於老闆的這種親力親為，主管也可以提議：「老闆，我們能否辦一個培訓班，請您將您的寶貴經驗傳授給全體員工。」那樣，他們就不會再代理包辦了。如果確有條件，可以辦幾次。這樣既不影響工作，也不會再發生侵權的現象。

- **感謝加表現**：對於第二種情形，首先要表示感謝，另外，還要在上級面前展示自己的才能。他們看到你有能力，就會放心，不會再插手了。
- **讓上級重視你的感受**：對於第三種情況引起的侵權，先要弄清事實，與上級商討，不要因為消息錯誤而造成尷尬局面。不能盲目地聽信謠言加上妄自推斷，就草率行事。

  當了解到上級有意為之後，可以找一個適當的機會與他們溝通，直接告訴他自己內心的感受，讓他明白這樣做給你工作帶來的不便。

無論採取何種方式和上級溝通，都要看準時機，避免在他們情緒衝動或者情緒低落的時候提出忠告。但是，由於每個人的脾氣和習慣不同，還必須仔細考慮一下上級的個性，應該採取什麼對策。

另外，語氣一定要委婉。即便是上級疑心太重引起的不信任，也不可當面點破。你可以說：「若是我在工作中有所不周，還請您多指教。」漸漸，你可能會發現他對你不再是充滿敵意，而是開始把你當做可以信賴的朋友了。

應對上級侵權，不應只為自己的職業形象和職場前途考慮，也該為公司的和諧考慮。主管必須進行有效協調，讓上級明白自己的苦衷。

這樣對待不道德的上司

　　阿蘭是一家廣告公司的企劃總監，上司一直很看好她的能力，因此上司調到外地的公司時，私下聯絡她，希望她能一起去外地工作。阿蘭被上司懇切的言辭打動，放棄了總公司的職位，與上司一起奔赴外地打拚了。

　　然而工作三個月後，阿蘭發現自己始終沒有晉升的徵兆，上司當初提拔她為副經理的承諾也成了天方夜譚，反倒是上司站住了腳，前途一片光明，還提拔了一批比阿蘭更年輕的人。每當阿蘭委婉向上司問起自己的事情時，上司總是找藉口說，現在公司實行年輕化政策，阿蘭的年齡讓公司抱持疑慮。此時，阿蘭才明白，自己成了上司開闢根據地時的馬前卒，卻被上司過河拆橋了。

　　像阿蘭這種單純的主管大有人在，很容易被別有用心的人所利用。雖然悶不吭聲對下屬、對公司沒有什麼影響，可是貽誤的卻是自己大好的職業前程。

　　當你遭遇此類事情，做這種事的人是你曾經最信賴、最崇拜的上司，手中緊握著影響你命運的王牌時，肯定也會大傷腦筋。那麼，應該如何保護好自己，避免這種事發生呢？

- **提高自己的閱人能力**：天真單純、輕信他人的人容易被人利用，一定要提高自己的閱人能力，也不要輕信上級對你

所作的承諾。要根據實際狀況和他們平時的為人、表現來分析判斷。

- **說出自己的反對意見**：有些主管認為，和上級保持一致就是上級怎麼說，自己怎麼做，上司下令做什麼就做什麼，絕不反對，也不說半個「不」字。

  雖然對上司說不是一件很困難的事情，可是當那些不道德的上司製造出麻煩不請自來時，也可以與上司唱反調，要大膽地提出自己的質疑。

- **立場堅定**：立場模棱兩可的人容易被人利用，在平時的工作中要堅定自己的立場。別人看到你有主見就不會隨便利用你。

- **克服自己的弱點**：有些主管之所以被人利用是因為自己本身有一些弱點，比如沉迷享受、貪圖高薪等。因此，一定要克服自己身上容易被人利用的弱點。

- **尋求外援**：作為主管，當你受到上級不公正的對待時，應該請與你關係緊密、志趣相投的員工站在你的一邊，也可以在同級或上級管理層中尋找有力外援支撐，請他們做你的智囊團。這樣你在面對不道德的上司時就不再是孤軍奮戰了。他們明白這一點也不會輕易向你出擊。

- **走為上策**：如果發現自己跟隨的上司不值得追隨，可以採取走為上策的辦法，找下一個更適合你的團體或者上級追

隨。這樣做，雖然自己會遭受一些損失，可是總比跟一個出爾反爾、不講信用的上司好得多，至少可以保護自己。

俗話說：「害人之心不可有，防人之心不可無。」雖然大多數上級公正無私、愛護下屬，可是也有些不道德的人，想方設法讓下屬成為自己的墊腳石，或者讓下屬替自己當代罪羔羊。這個時候，作為他們的下屬就要多留點心，不要對他們任之聽之。

和上司和諧相處

大凡能從員工做到主管的人，除了具有一定的能力讓上司刮目相看外，還懂得和上司相處的技巧。他們知道，不論做主管還是做員工，能否和上司和諧相處，直接關係著自己在職場中的發展。因此，他們在做員工時就會歷練自己這方面的能力，以後在升遷為主管後更會把這些技巧嫻熟地加以運用。

一般來說，要和上司和諧相處，就需要從以下幾方面著手：

▶ 同理上司

可能許多員工會說，我當然想和上司和諧相處，可是，他們脾氣暴躁，總愛小題大作，有時還會莫名其妙訓我一頓，我怎麼和他和諧相處啊！

遇到這種情況，首先需要的是同理上司。

　　上司雖然是員工的領導者，可是他們也是普通人，也有心情不好的時候。他們比員工承受的壓力更大，對員工的要求因而格外嚴格。有時員工的小小錯誤，他們也會用非常偏激的語言來批評。

　　有些急性子的員工遇到這種情況，會馬上反駁，認為自己工作這麼多年，貢獻這麼多，被上司一句話否定並不公平。內向的員工可能會因此而一蹶不振。可是，那些優秀的主管遇到這種情況，不會輕易和上司對抗。他們會想，上司為什麼反應如此激烈？我哪個地方做得不對？應該怎麼改，下次才不會再出現這樣的問題，讓上司以後不再這麼激烈地對待我？這才是明智的做法。

　　實際上，上司這樣做並非是針對員工。雖然上司的批評方式確實需要改進，但另一方面也說明你工作認真、有前途，才值得上司關注。如果他想否定你，直接開除就可以了，有必要用這麼激烈的情緒來對待員工嗎？上司其實是恨鐵不成鋼。所以，作為部屬，要正確辨別和學會承受上級的批評，千萬不能把他們的批評當成是和自己過不去。

▶ 尊重上司

　　在工作中，雖然提倡上司與部屬的平等關係，然而由於分工不同，員工和主管仍有著上下級之分。因此，發自內心地敬重上司也是和上司和諧相處的根本。

第十二章　掌握被領導的原則

　　有些恃才傲物的員工不懂得這一點，當他們遇到能力上比不上自己的上司時就目中無人，這是對上司的大不敬。

　　上司雖然某些方面可能比不上自己，可是他們工作經驗更豐富，想問題、辦事情的目光放得更遠，他們身上的這些長處值得下屬學習，平時要看上司的長處，而不是對他們的短處耿耿於懷。那些優秀主管在平時都努力從上司身上學知識、學方法、學經驗、學做人，對上司的短處則注意適當地掩蓋，處處維護領導者的形象。因此，他們不論和什麼類型的上司都能夠和諧相處。

　　這樣做並非是對上司的阿諛奉承，他們懂得，維護上級的形象也是在維護企業的形象，同時也是在維護自己的形象。如果處處抱怨上級無能，別人會想，既然他們這樣無能，你何必追隨一個無能的上司呢？難道不是你自己有眼無珠嗎？因此，那些優秀員工也是聰明的員工，他們不會往自己喝的井裡吐痰。

▶ 全力配合上司的工作

　　每個領導者都希望部屬能力高強，能夠配合好工作、完成好任務。因此，作為部屬，想要和上司和諧相處，就要懂得時時刻刻配合好上司的工作。

　　有些員工在工作中過於自我中心，對自己的角色缺乏正確認知，總是自己想做什麼就做什麼，自己想怎樣做就怎樣做，這樣無法談得上配合。長此以往，上司只能請他走人。

　　員工配合上司工作是自己的本職，要發揮好參謀助手的作用，揣摩上意，提前抓準問題，拿出具體方案供上司選擇定奪。

　　和上司和諧相處，一方面是為了貫徹上令下行，同時也是為了企業上下能夠團結一心地完成任務。因此，要端正自己的心態，不能靠拍馬屁拉關係來工作；第二，要擺正位置，公私分明；第三，要努力工作，不卑不亢。這也是成為優秀主管需要懂得的職場生存法則。

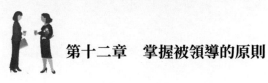

第十二章　掌握被領導的原則

第十三章
在上司面前表現你的優秀

第十三章　在上司面前表現你的優秀

　　加薪升遷是每個主管都盼望的，不僅能帶來物質上的滿足，而且也是精神上的鼓舞。要在企業管理機構的金字塔上一步步攀登靠什麼？有些人認為只要拚命地努力工作，就會為上司留下好印象，有一天他們就會重用自己，是這樣嗎？

　　錯了！《財富》雜誌的副主編威爾‧華盛頓說：「許多人以為真才實學就是一切，對提高個人的知名度不屑一顧，但如果他們真的想有所作為，建議他們還是應該學學如何吸引眾人的目光。」

　　晉升的重要前提，是看有多少人知道你的存在和你工作的內容，以及這些人在公司中的地位和影響力有多大。要讓那些有地位、影響力大的人對自己多一分了解，就要在他們面前表現出自己的優秀之處，使自己成為引人注目的焦點。否則，企業中人才濟濟，上級領導者又日理萬機，怎能主動注意到你？

勇於在上司面前表現自己

　　許多人受中華傳統文化教育的影響，把「曖曖內含光」看作一種美德，哪怕自己有許多優點、成就和才能，也不願在公眾面前表現出來。許多主管心裡也將此奉若圭臬，甚至還看不慣那些總愛表現自己的人。

　　然而受這種想法影響的人，很難有出頭之日，因為上司不了解他們，他們的光芒就會隱沒於為數眾多的主管中了。

　　如果你具有優異的才能，而沒有把它表現在外，這就如同把貨物藏於倉庫的商人，顧客不知道你的貨色，如何叫他掏腰包？如果恪守「藏而不露」的信條，不在人生的黃金時代，主動貢獻自己的聰明才智，那不但你所擁有的知識和特長會成為過時的東西，自己的精力、體力也會隨著時間的流逝而衰退。

　　據調查顯示，在企業中，有近 1/3 的員工的成就未能引起上司的注意，想要吸引上司的目光，就要自己主動爭取機會，不放過任何一個可以表現自己的時機。

　　有人把勇於表現自己與愛出風頭畫上等號，認為這樣做太「臭屁」。這是有失偏頗的。展現自己的才能並不是強出風頭，而是對自己的尊重和對社會的負責。優秀從來與沉默無緣，你可以留心觀察一下，那些在官場、職場、商場上得以施展拳腳、生活過得一帆風順的人物，哪一個是靠沉默贏得表現自我的機會。不善於表現自己，可能會讓自己在工作中處於非常被動的位置。

　　雖然謙虛是美德，然而這並不是唯一的真理，尤其在現在這個競爭激烈的時代，競爭就是機會的競爭，人的一生表現自己的機會並不多，人生短暫，怎麼能經受得起默默的等待？因此，為了不讓自己的人生留下遺憾，就要抓住機遇，大膽表現自己。在眾人都做觀眾的時候，你搶先一步登上舞臺表演一番，就掌握了表現自我的先機。在通往職場升遷的大道上，沒有絕對的公平，有時公平只能自己創造，自己爭取。

第十三章 在上司面前表現你的優秀

表現自己也是自信的表現，能讓上司了解自己，為自己找到更適合的一片天，獲得更精彩的發展。因此，透過表現讓上司的目光關注自己非常重要。

不放過任何一個表現機會

表現自己的機會要靠你自己的努力去爭取。

身為主管，也許你從事的工作與公司的主要業務沒有太大關係，和上級在一起的時間也很少，很難有機會表現自己，但不要灰心，因為機會是可以創造的。

在你不注意的時候，你身邊那些看上去樸實無華的人或許就是決定你命運的人，只是你還需要表現出自己的才華，才能吸引他的注意。

1990 年代有一本風靡美國的暢銷書《鄰家的百萬富翁》（The Millionaire Next Door）介紹了這樣一個故事：

麥克‧阿米蘭是一家公司的小主管。有一次在從芝加哥去紐約的班機上，他的鄰座坐著一位老人家。天生熱情健談的麥克就與這位老人家攀談起來。隨著了解的加深，麥克向這位老人家傾吐了自己在工作中不愉快的經歷和壓抑的心情。他的專長是投資策略，可是目前的工作未能使他的才能充分發揮。

說完這一切後，他倍感輕鬆，於是又滿懷激情地大談自己的投資策略。如果按照他自己的構想，可以在一年之內將投資

的資本翻一番。那位老人家只是默默地聽著，既沒有表示讚許，也沒有表示反對。分手時，老人給了他一張名片說：「如果你有時間，歡迎你來看看。」

麥克當時沒有在意，回到家中看了名片才又驚愕地發現，老人家原來是非常有名氣的投資專家。於是 48 小時內，麥克就去老人家那裡拜訪。

後來麥克加盟了老先生的公司協助管理，並且負責管理好幾個投資基金。

雖然麥克・阿米蘭的成功屬於偶然，然而正因他不放過任何一個可以表現自己的場合，哪怕是在陌生人面前也能大方展現自我，才能在機會來臨時抓住，這種做法值得借鑑。

由此可見，不管在任何時候，善於表現、適當地自我推銷都能引起他人注意。說不定，身邊的某人就是你的「貴人」。

工作中，表現自己的機會有很多，比如：

- **勇於接受新任務**：當上司提出一項計畫時毛遂自薦，向上司證明自己有良好的工作能力，就是表現自己的方式之一。當然，前提是對自己的能力有自知之明，接下能力範圍內的工作，否則會被上司認為是自不量力。
- **適度渲染**：當你有機會承接比較重要的任務時，不妨有意無意地彰顯你的表現，以提高你在公司的知名度。掩藏小的成就，渲染大的優點，可以造成更好的效果。

第十三章　在上司面前表現你的優秀

- **彙報表功**：當你帶領下屬完成了一項艱鉅的任務向老闆彙報時，對老闆明確說明你在任務中發揮的作用。否則你自己不說，別人也不一定會提，上司可能就永遠不知道你做了什麼。但切忌獨攬貪功，那樣反而會讓上司留下不良的印象。

以上三種都是在工作中表現自己能力的方法。

可能有些人會認為自己並沒有做出一番成就，怎麼表現，又有什麼可表現的呢？要在主管面前表現自己，固然需要創造出色的業績，用能力來說話。但是，表現自己可以在多種方面，工作能力是一方面，其他如人際交往能力、溝通能力、親和力、興趣愛好等也可以在與上級的來往中表現出來。

須知，人與人之間的緣分十分微妙，有時候攀談不到 10 分鐘，就會對對方產生好感，這也是人們建立關係的普遍方式。如果你懂得運用這種方式使上司對自己產生好感，那對以後事業的開展必定會有幫助。

比如，你在電梯之中遇見上級，雖然在如此短暫的時間中你無法展示自己工作上的才能和出色的業績，但也應主動向他問好，展現你的修養與儀態，也許你大方、有禮、自信的形象會在他心中停留一段時間。

再如，用餐時間也是你能與領導者接觸的機會。吃飯所需時間比坐電梯更長，你應盡量與他接近，搭上幾句話，但不一定要談論工作。多數上司想借吃飯的時間放鬆一下，最好製造

輕鬆歡快的氣氛。如果你能用簡單的話語或簡潔的行動使他感到輕鬆，他會注意到你。

另外，平時在一些不起眼的小事上也可以表現自己。比如，新員工到來時熱情歡迎他們、引領他們熟悉工作環境、為他們倒一杯水、提供及時的幫助等，這些也會在上司心目中留下深刻的印象。

表現自己不僅只是在公司工作場合，在工作場合之外，也要注意抓住機會。假使你遇到一些很有領導風範，卻謙虛、平易近人的人，他們對你的談話很感興趣，不妨就盡量表現自己。也許他們可以在你的職場生涯引起一場改變。

總之，只要能把握住表現自己精彩的每一個瞬間，利用稍縱即逝的機會來表現你自己，自然也能引起上級或他人的注意與賞識。

選擇關鍵部門，成為核心人物

對於職場人士而言，能夠一路晉升可以說是施展才華、肯定自我的最好途徑。要達成自己的理想，就要明白在理想的公司裡，自己應該追求什麼樣的職位、從事什麼樣的工作？自己的外表和性格中，哪些因素對適當安排自己的工作有所助益？不要滿足於找到工作，而要找到理想的職位。

第十三章　在上司面前表現你的優秀

　　如果你已經處在某個職位，而且經過上述考量，發現你所選的工作方向並不正確，那麼要重新規劃自己的職業生涯，以便選好部門、選好職位。

　　因為上司的注意大多放在身負關鍵任務的下屬，對負責瑣碎小事的部門難以投注太多精力，因此渴望一展長才的主管有必要問問自己：「我是否參與了公司的核心業務？」而不是問自己：「我是不是在這個位置待得太久？」

▶　選關鍵部門

　　每個公司都有許多部門，而這些部門並不一定都是高階主管關心的。上級最關心的，是關係到全局利益的工作部門。比如，人事部門影響員工的錄用、拔擢和團隊能力的提升；行銷部門影響企業的業績；客服部門影響企業的形象等。這些部門就是上級比較在意的。

　　另外，在不同的行業中，也有不同的關鍵部門。比如，在營造業中，專案工程部是關鍵部門；在零售業中，採購是關鍵部門。因此，在選擇自己的工作時要結合自己的實際能力和性情愛好，盡量選擇這些關鍵部門，能得到更多歷練，也有更多脫穎而出的機會。

▶　選關鍵工作

　　在每個公司中，都會有一些輕鬆愜意的工作，也會有一些

步調快速、內容繁重的工作。其實，那些較急、較難、較重的工作任務常常是領導者當下最關心的事情。因為這些工作任務和公司成長密切相關。如果主管們能以敏銳的觀察力，理解上級的工作理念，把這些工作做好，那麼，在業績上也能收穫事半功倍的效果。

▶ 選能鍛鍊人的地方

挑選了關鍵工作後，還要挑選那些能鍛鍊人的地方。

如果是做行銷，不要害怕攻進一級戰區，這是為了讓你爭取更多的銷售額，越是砲火猛烈的地方，表示競爭對手越多，你能獲得最多的成長，最後能否勝出就看你的能耐了。

此外，不論在工作部門還是在工作職位的選擇上，不但要關注公司的發展趨勢，還要關注業界乃至整體社會發展的趨勢。因為部門的選擇也和這些息息相關。分析所在行業的發展趨勢和人才結構需求，對你未來的發展至關重要。另外，還要分析社會的發展趨勢，了解社會未來對人才有何需求。

當然，做這些選擇並非讓你挑肥揀瘦，而是要讓你找到自己的位置，為自己找到好的起點。

▶ 成為公司的靈魂人物

在上司心中，公司靈魂人物占據著大部分空間，對公司的存在與發展有關鍵的地位。

第十三章　在上司面前表現你的優秀

那麼，哪些人在公司裡容易成為靈魂人物呢？

IBM 的最高行政顧問約翰認為，在任何機構裡，工作有成的人都在以下 3 類之中：開發人、執行人和協調人。開發人的任務是開發新的產品，找到新的客戶；執行人有著監督的作用，確保公司利潤不受損失；協調人協調上述兩類人員的關係，讓他們保持高效溝通。比如在 IBM，開發人是那些新軟體的發明人；執行人就是為了讓全世界了解這種新軟體而做廣告宣傳的人員；協調人則是主管行銷的副總裁。

也許這種劃分並不具科學基礎，可是了解自己屬於哪一類人會有莫大的好處。如果自己擔任開發人角色，在公司裡盡量發揮出自己的聰明才智，就可以快速晉升；執行人雖然升遷較前者來得慢，但是透過工作表現出自己的能力也可獲得提拔。而對協調人，在任何工作都需要團隊合作、部門配合的情況下，表現得出色，也可獲得晉升。

▶ 專業化你的技能

儘管在一個企業中，居於金字塔頂層的人數相對較少，然而職業發展卻可以朝著專業化人才、技術型人才等各種方向發展。你進不了核心部門，並不表示前途一片慘淡，成為某方面的專家也很必要。有豐富的專業知識，不僅能贏得眾人的尊敬，也有機會獲得上司的賞識。對每個主管來說，在所有位置都無一技之長，不可能獲得提拔。

職業發展的空間是隨著企業的成長而擴大的。如果你有能力推動公司的成長，公司就會給你充分的發展空間。因此，洞悉公司的發展趨勢，找準自己的立足點，讓領導者看到你的才能，這是主管們拓展自己職業空間比較直接的方式。

做一隻先飛的聰明鳥

並非每位上司都能明智用人，他們常常也需要下屬的提醒，才能引發為其升遷的念頭。因此，與其寄望他們主動提拔，不如自己動腦想想，如何在他人原地踏步時自己先展翅高飛，引起上司的注意。

有些能力突出的主管總是擔心槍打出頭鳥，不敢表現自己，處處小心翼翼。殊不知在如今講究效率的時代，企業需要更多的聰明鳥先飛。員工的能力越突出，越早表現自己的能力，企業越能提早受益。因此，有能力的主管們不要再迷信傳統神話了，如果你是一隻聰明鳥，就讓自己早日脫穎而出吧。

▶ 別人裹足不進，你勇往直前

領導者對下屬的期待，不僅在於日常工作中，更在於在關鍵時刻能夠擔當大任、解決難題。關鍵時刻，正是員工為企業承擔責任的時刻。

越是這樣的時候，越需要風險和責任共擔，越是考驗一個

第十三章　在上司面前表現你的優秀

人的能力。有些膽小謹慎的主管，便常擔心工作表現不佳受老闆責備而畏縮不前。

此時不要猶豫徘徊，要大膽表現自己，應該信心十足地說：「讓我來試一試吧！」、「我相信我能成功！」

在別人退縮時自己衝上去，就是表現自己的時刻。沒有挑戰性的工作做起來儘管很輕鬆順利，卻不能展現自己的潛能，無法從眾人中脫穎而出。要勇於挑戰困難，使上司能注意到你的進取態度。或許那其中只有很少的亮點，但亦宛如萬綠叢中一點紅。

當然，這樣做不只是為了秀出自己，也是要憑能力為公司解決問題。

▶ 別人隨波逐流，你推陳出新

在工作中，雖然很多主管都懂得要有創新精神，也提倡創新，可是真正有創意的人並不多。很多管理者想的都是小心為上，因此，上司也聽慣了太多的一般見解，更想聽到獨特的意見。如果聰明的主管對待同一問題能夠提出新的創意，會使上司了解到你是一個勤於思考、勇於進取、不滿足現狀的人，因而對你更加器重。

▶ 別人看重利益，你看重事業

如果有些主管只是把晉升看成物質報酬上的增加，上司就

會認為這種人一味追求個人私利。假如把這種人提升到較高職位的話，可能會給公司帶來某些不利影響。

　　如果在別人看重物質利益時，你表現出的是強烈的事業心和責任感，能讓上司發覺這樣的下屬才可以為公司的長遠目標而奮鬥，進而對你更加看重。

▶ 別人表現能力，你表現口碑

　　有些人在上司面前只注重表現能力，不注意表現其他方面。殊不知他人口碑的重要。口碑是你有影響力的證明。如果公司的客戶或者是其他員工向上司讚賞你，你的上司絕對也會注意到你。因此，在他人表現能力時，你表現口碑，對自己的前途也很有利。

▶ 別人疲憊，你健康有神

　　身體也是升遷的本錢。如果你很有能力，但是體質虛弱的話，上司也不願意把重任交託給你。有些主管加班後常常表現出一副疲憊的樣子。對此，上司會認為這個年輕人體力不濟，進而不確定起他能不能勝任更嚴峻的任務。

　　如果留給上司這樣的印象，在關鍵時刻就失去了表現的機會。因此，在他人表現出疲憊不堪時，你要表現出精神抖擻的樣子，無時無刻不保持最佳狀態。這也是從形象和精神上勝出的法寶。

第十三章　在上司面前表現你的優秀

▶ 別人難敵誘惑，你立場堅定

在職業生涯中，每個主管都會遇到不少誘惑，特別是那些任職於公司重要部門、手中握有一定權力的主管，面臨的誘惑更是不得了。缺乏克制力就容易犯錯，被金錢、美色耽誤的主管也有不少。

雖然有些事情一時不會暴露，可是這種行為最終會影響到事業和前途。因而在別人被誘惑的時候，你一定要克制自己的欲望、標明自己的立場，上司也會對你刮目相看。

▶ 別人怨恨，你坦蕩

如果升遷的資格最終落在同事身上，在他人怨恨之時，你也要表現出自己的風度，真誠祝賀同事們。這種坦蕩的胸懷是一個優秀主管必須具備的。

▶ 別人疏遠上司，你欣賞上司

在企業中，老闆或者高階主管大都有高處不勝寒之感，他們認為無人能真正地了解他們，下屬只為薪水而拚搏。在這種情況下，如果你能表現出對他們的欣賞和佩服，和他們產生感情上的共鳴，上司也會欣賞你。

這種欣賞和佩服你必須出於真心，不能是虛情假意。哪怕是一個規模很小的企業，老闆能創建起來並非輕而易舉，必定有他過人之處。如果你發覺上司有不少地方值得自己學習，就

要表現出你的欽佩來，讓上司幫助自己提高工作能力。

　　以上這些就是表現自己的獨特之處、讓自己脫穎而出的方法。如此，聰明而又先飛的你就更容易達成自己的願望。

為達成目標做好準備

　　相信每個主管的心中都有對未來美好的渴盼，希望透過自己的奮鬥達成各種願望。但是願望不應該是空洞的幻想，也不應該是模糊而抽象的描述，願望應該清晰描繪，讓你能透過自己的努力一步步達成。

　　無論做什麼事都要有清楚的規劃，職場生涯也是同樣。首先，需要勾畫自己的未來。

　　一家知名企業的高階主管談到自己如何從基層晉升時說：「我對自己有清楚的職業定位，目標就是向專業經理人衝刺，不曾想過要當董事長。由此，我為自己制訂了奮鬥目標。比如說，5 年內從基層主管躍升到中階，再於 8 年以內奮鬥到高階主管的位置等，然後我就為這個願望努力奮鬥。幸運的是，我如願以償了。而那些只想著當董事長卻毫無計畫的人，至今還有很多坐在基層位置。」

　　由此可見，要在職業生涯顯著成長，就要認明自己衝刺的大目標和各個階段應該達到的小目標，並且對它做系統而全面

的分析。比如，自現在起 3 年之內要達到什麼目標；完成目標後對自己大目標的達成會產生什麼樣的影響；與計畫相比會縮短多少年等。

　　勾畫出自己清晰的的奮鬥目標後，還要將與達成目標有關聯的因素也考慮在內。比如自己所處的行業前景、公司的奮鬥目標、企業對人才的要求、自己目前的位置與能力、要達成小目標是否有競爭對手、期間社會有什麼改變以及對自己的前途造成什麼影響等。這些因素都應該考慮在內。因為這些因素對於目標的達成也有重要作用。

　　以公司發展目標來說，雖然每家公司的目標都是賺錢，然而為了達成這個大目標，在工作中會將其分解成許多小小的標的。例如，在某一個年度內創造多少利潤，達到多少市場占有率、推出多少新產品等。確認這些數字，有利於自己採取行動，配合公司的發展。

　　有些主管認為，只要完成分內的工作便足夠了。然而做好自己的分內工作，也許離上司的稱許還相差很遠，在上司看來，做好本職工作的下屬只達成了個人的利益，並未達成公司的總體利益。因此，只有為公司的目標衝刺，上司才會感到下屬是為公司考慮；只有把自己的奮鬥目標和公司的成長結合起來才能讓自己獲得更好的前途。

　　另外，社會的發展變化對自己的目標達成也有所影響。比

如這些年來，許多職位都因為自動化、電腦化，讓重要性大為降低，有些工作已經完全被科技淘汰，但也有新的職業因此誕生。了解這些也有利於認識自己的職位。一旦發現目前的工作不利發展，就可以及早調整，不至於太被動。

之所以要了解企業對人才有何要求，是因為在現今各種機構中，主管們的職能正在發生變化。不論身處任何層級，越來越需要具備更為廣博的知識、更為精深的造詣，即成為通常所說的複合型人才。特別是當自己所處的公司需要跨行業、跨領域發展時，這一點表現得更為明顯。

如果企業最迫切需要的是複合型人才，而非某一領域內的專業人員，你該怎麼辦？這時就需要拓展自己的興趣、見聞與知識。另外，無論你以前處在哪個位置，已經掌握的相關知識在其他職務中可能都用不上，需要不斷學習，補充其他方面的知識。如果你原本是工程師，現在需要負擔經營責任，不懂財務方面的知識，就要盡快接受會計相關培訓，及早取得這方面的基本技能。

從職業生涯的躍進來說，如果你只專注發展某一項專長，上司可能不會考慮調整你的工作。因此，在做好本身的工作外，也要讓上司知道你具備各方面的才能，同時不斷進步，這樣做比急功近利、盲目行動的成功機率更高。

第十三章 在上司面前表現你的優秀

向升遷目標衝刺

提到職涯成長，許多人認為就是事先畫好一張通往高階主管的方向圖，按部就班進行，再加上自己努力工作，循序漸進，有一天就會到達理想的位置。

即使公家單位還以這種方式處理公務員陞遷，在企業之中這種方式恐怕已經行不通。

想要取得職業生涯的突破，首先需要了解公司的晉升制度。一般來說，公司的晉升制度有以下幾種：

* **第一種**：以循序漸進的方式晉升。是指一步步由基層主管升任中階、高階，這種方式在穩定成長的公司中比較常見。一位員工在進入公司時是辦公室文職，而後逐步晉升為助理、特助等，就是這種方式。如果公司已經度過創業期，近幾年也沒有什麼大轉變，不需要太多人事異動，那麼由中階向高階晉升的可能性就比較低。

* **第二種**：越級晉升。是指由於貢獻巨大，為公司創造可觀利益，從而獲得較大幅度的職涯成長。企業講究效益，能為企業創造效益的人，老闆自然會為其提供充足的發展空間。

這種方式在創業期或者企業發展的關鍵時刻最常用，表現出色的主管往往會獲得提拔。

- **第三種**：能力晉升。是指主管們透過自己的工作能力贏得
  了下屬的敬服、上司的關注，被提拔到更高的職位上。這
  種提拔方式比較普遍。
- **第四種**：交叉晉升。是指由一個部門升遷到另一個部門。
  比如開發新市場的部門主管成為負責行銷的經理助理，這
  就是一種交叉晉升。

不論何種提拔方式，都是少數高階主管決定大多數基層和
中階主管的晉升，這種提拔方式的決定權集中在少數人手中，
人事關係對其影響較大。如果公司處於良性發展過程之中，則
升遷多以循序漸進的方式進行。這時就要為自己創造升遷機會。

▶ 及早盯住有可能得到的職位

儘管目前很多公司都主張扁平化管理，壓縮垂直分布的管
理機構，可是基層主管要升到高階職位，必須循序漸進向上攀
登。規模較大的公司，在主管通往高層的道路上，每段距離會
相對更遠，因為中間會有許多臺階。而小規模的公司，就可能
會近一點。

不論你在大公司還是小公司，都不要將目光一直盯著金字
塔的塔尖，重要的是了解自己的能力與哪一層相當。這對能否
獲得提拔至關重要。

你不妨去請教那些已經做到高階主管的人，他們在職業生
涯步步高升的過程中，走的不管是一條螺旋式的路線，還是直

第十三章　在上司面前表現你的優秀

直前進的路線，都不會在當前職位上一直做下去，他們會及早盯住自己有可能得到的職位。儘管不是升遷而只是平行調職，只要這些職位與他們的興趣、特長有關，也是他們早就看好的。一旦登上這些職位後，他們便會幹勁十足地把自己的才能充分表現出來，也就很容易成為上級和員工關注的焦點人物。

▶ 了解該職位誰有資格勝任

在你察覺自己對某職位的興趣後，還要了解該職位什麼人有資格勝任。看好這個職位將與自己競爭的人可能有很多，但提前了解需要具備什麼條件才能獲得晉升，你就能為衝刺這一職位做好準備。

▶ 讓上司知道你對該職位有興趣

如果某職位競爭對手很多，要擊敗競爭對手，就要在上司面前表現出自己的優秀。要勇於自我推銷，讓上司知道你對該職位有興趣，而且能提出具體的建議，證明你有足夠的資格勝任。

這樣做不需難為情。不少上司為了選擇合適的人選而大傷腦筋，你這樣做可讓上司充分了解你，幫助上司早做決斷。

▶ 讓上司依賴你

多花時間提高職位需要具備的各種能力，多找些機會與上司接觸，讓他看到你的熱心和能力。久而久之，上司對該職位的工作已經習慣依賴你的建議，這樣你就奏響了晉升的前奏曲。

▶ 建立個人後援會

上司看好自己固然很重要，可是要勝任新的職位，還需要有強大的民意基礎，贏得員工們的支持，才便於以後的工作。上司看到下屬擁護你、支持你，會更重用你。

因此，在為自己的晉升準備時，一定要在公司內部選擇一群適當的人，尤其是具有影響力的人，與其建立良好的關係，讓他們成為支持你的後援會。

在這些支持者中，首先要與自己部門的關鍵人物建立良好的關係。關鍵人物，指的是該部門的意見領袖，他們的行動會影響其他人的選擇，只要他們支持你，你就會連帶得到多數人的支持。

其次，要和重要的輔助部門建立關係。如果你是生產線上的主管，就要與材料採購、會計核算、銷貨訂單、物流庫存等部門人員打好關係，獲得他們的信賴也可以提高大家對你的支持度。

透過以上這些方式，你就可以主動為自己創造升遷的機會。不過，即便自己達成了願望，仍需要不斷修煉，使自己的能力不斷提高，這樣才能獲得繼續向上發展的機會。

第十三章　在上司面前表現你的優秀

第十四章
帶領員工一起登頂

第十四章　帶領員工一起登頂

　　在主管向職業生涯的高處一路攀登時，不要忘記拉自己的下屬一把，和他們一起攻頂。因為主管的職責就是領導、幫助下屬成長，為企業培育多元人才。

　　唯有培養企業內的每個員工，才能增強團隊的戰鬥力，有了團隊的成功，才有主管自己的成功。因此，主管們要關注每個員工的成長。把自己的知識、技能，毫無保留地傳授給員工。這樣才能獲得下屬的尊重和敬佩，才能幫助每個員工更上一層樓。

幫助下屬成長

　　人的成長與進步，除了靠自己的天賦與努力之外，處在良好的環境中，獲得上級及公司的培養，也是個重要因素。

　　在企業管理中，主管就是下屬們的教練。教練的主要職責是培養出優秀的人才。因此，主管們在管理下屬的同時，還應承擔起培訓下屬、幫助下屬成長的責任。既要為團隊設定奮鬥目標，也要為每個人設定努力的方向，還要給他們幫助和指導，為他們開拓廣闊的發展空間。這樣的主管才算負起了自己應該承擔的責任。

　　在這方面，世界知名的大公司都強調要使主管幫助和引導員工。比如在微軟，主管們除了本職外，也要負責教育新員工。這些主管不止包括小組長等基層，還有各領域的專家等，

正是因為有他們的幫助，員工們才能快速掌握職業技能，盡快獨當一面。

在通用汽車公司，管理者們也有一項重要工作內容，即培養下屬。儘管培養下屬差不多占用了他們一半以上的工作時間，可是公司的這個慣例從來沒有被打破，經過培訓的員工能力大大提升，也為通用贏得了競爭力。因此通用公司能夠不斷湧現出各種高階人才，使其長久處於世界汽車霸主的地位。

在企業管理中，員工們的能力分布本就各自不同，透過給予幫助，能使他們糾正不恰當的工作方式和行為，使他們能夠獲得成長。在這方面新員工更需要指導，雖然剛進公司的年輕人學歷亮眼，綜合能力也不錯，可是畢竟缺乏工作經驗。

有些主管沒有盡到自己的職責，任由他們自己摸索奮鬥。對他們採取放任態度，會增大他們工作的難度，團隊就無法形成相互幫助的氣氛，整體工作能力也會下降。

在動物世界中，海鷗具有驚人的責任感和愛心。它們對於行動困難的子女不會置之不理，總是毫不厭煩地帶著它們練習起飛，並在需要的時候助它們一臂之力，直到教會它們自由飛翔和掌握生存的本領才放手。

其實動物和人類一樣，就人性而言，每個人都希望得到他人，尤其是長輩、上級的關愛。優秀的主管們都是盡力幫助每一個員工，不讓任何人落後。像海鷗那樣，他們會給每一個員工充分的關注和指導，協助他們展翅飛翔。

第十四章　帶領員工一起登頂

一位從商管科系畢業的年輕人進到某企業中，他沒有任何實際的管理經驗，只能先從普通員工做起。儘管這樣，部門經理還是相當欣賞他，常找他聊工作上的事情。不僅如此，這位部門經理在工作之餘還將自己的管理經驗傳授給他，並不斷鼓勵他在工作中把學過的理論與實務結合。

在經理的幫助下，年輕人對企業管理有了更加深入的認識。工作不到一年，他就以自己的工作經驗提出經營管理上的建議。經理注意到他見解獨特，之後工作時也有意鍛鍊他。一年之後，他就獲得了一個小小的管理職。後來年輕人的管理能力嶄露頭角，部門業績有所成長，經理也受到了上級的嘉獎。

企業用人的過程也是有意識地培養、教育員工的過程。如果對員工只使用不培養，是上級的失職；如果只培養不使用，這種培養也毫無意義。必須邊使用邊培養，能使員工的能力不斷提升，也能對公司發揮最大的效果。

王永慶就很重視培育員工。在員工入職時，每一個新員工都要在基層前線經歷為期六個月的訓練，結束後還要交一份心得報告，目的是改變其固有觀念，使新進人員盡快適應企業的需求。

不只是對新員工，台塑對其他員工也有一套獨特的培訓計畫。對此，王永慶說：「培養人才要有一套計畫，使人才能夠循著設定好的過程訓練，就像開出一條路，讓之後的人們能夠照

著走。」正是因為他們重視領導者對員工的幫助，既令員工的整體能力提高，也使企業增強了競爭力。

台塑發展貫徹了這樣的經營理念：持續培養優秀人才，整個團隊才能不斷前進。

其實，主管對下屬進行培訓、輔導，也是自己提高能力的過程。員工的學習熱忱會促使主管們不斷提高自身的能力，以自己為榜樣影響下屬，這樣也就達到了一同進步的目的。

團隊成功，主管才能成功

主管如何才能得到更大的舞臺，建立自我價值呢？

有些主管認為只要自己有能力，就能戰無不勝、攻無不克，在晉升的道路上一路向前。因此，他們在尋求職業生涯的天地時，一心只關注自己的發展，卻沒有給予員工及時幫助，為他們規劃清晰的成長藍圖，在這樣的主管領導下，員工們失去了工作熱情和幹勁。而失去下屬的支持和幫助，主管孤軍奮戰，很難成功攀登到自己希望的終點。

劉老師在學校擔任班導師，教學能力人人認可。他不僅擁有名牌大學的漂亮學歷，而且在工作上取得很多傲人成就，是絕對的實力派，對自己所負責的課程傾注了全力。

按照劉老師的工作能力，早就應該往上晉升，然而和他年

第十四章　帶領員工一起登頂

資相當的早就升遷為主任、校長，即便年資不如他的老師也已升任組長，可劉老師仍然只是一位班導師。這是為什麼？看著自己和年輕人們坐在一個辦公室中擔任同樣的職務，劉老師心中也憤憤不平。

劉老師並不知道，造成這種狀況的原因就是他不懂得團隊協作的重要性。他在辦公室中總是埋頭在自己的位置上，從不和同事交流，也不向同事尋求幫助。即便是同個教學小組的同事需要他幫助，他要不就很不情願，要不就乾脆拒絕。

他認為憑自己的能力可以在競爭當中占有一席之地，結果卻事與願違。領導者看他熱衷於孤軍奮戰，自然不敢託付更大的責任。

在企業中，也有像劉老師一樣的主管，他們對於自己的能力過於自信，認為擁有這些就等於擁有升遷的資本和法寶。能力固然重要，可是，作為領導者來說，幫助團隊成功更重要。

從高層的眼光來看，讓更多的人成為企業基石，為公司創造更多價值是他們的心願。上司賦予主管職能，不僅是要他們成為團隊的棟梁，還要他們培養一批能力相當，甚至比他們更能幹的頂梁柱，這樣才可以大大提高企業的競爭力。如果主管不懂得這一點，自然限制了自己上升的空間。

每個人要達成自己的願望，首先需要先幫助別人達成願望。同樣，主管們要達成職場生涯的躍進，也需要幫助下屬有

所成就，因為在現代公司裡，沒有人能夠獨自負擔整個團隊的
利益。如果僅憑藉自己優秀的技能而拒絕合作，總想孤軍奮戰
搏出一片自己的天地，根本就是不可能的。不僅要和其他部門
合作，也得和自己的下屬合作。如果被老闆們看到主管只求競
爭不談合作，也會阻斷他們在職場生涯中的發展。

因此，無論競爭何等激烈，我們都要在競爭中保持一顆合
作的心。讓團隊的每個人都成為棟梁，團隊成功，自己得到提
拔的機率才會大大增加。否則，即使自己竭盡所能，也未必能
為企業創造多少價值。

當然，重視合作並非意味著避免競爭，公平合理的競爭什
麼時候都需要，競爭與合作是每個職場中人必須面對的共同課
題。唯有學會在合作中競爭，在競爭中合作，才能截長補短，
互相支持，最終達成團隊與個人的雙贏。

培養專業員工

有統計數字表明，台灣是世界上平均工時最長的國家之
一。我們如此忙碌，工作效率高嗎？

根據 2019 年 OLED 的生產力產值數據，挪威人工作時間平
均一年是 1,424 小時，是全球前三短的國家，可他們每小時平
均創造 39.86 英鎊的產值；美國人工作時間相對挪威長一些，

第十四章　帶領員工一起登頂

一年有 1,783 小時，他們每小時平均創造 25.74 英鎊。而終日忙碌的台灣人，一年平均工作 2,033 小時，排名全球第四長，平均產值卻約等於挪威人的一半。

　　為什麼我們創造的財富如此之少？為什麼我們工作時間長卻沒有效率？因為我們不具備專業化的心態和專業化的標準，很多人不喜歡按照流程做事。

　　正是因為沒有專業化的標準，只好以大量重複勞動來彌補，結果吞噬了效率，增加了成本。

　　有一家企業報廢率高達 10%，負責人在出訪日本的時候，發現日本同行的報廢率只有 1%，感到無比驚訝。於是他提出要到該企業考察。在考察中，他發現在日本企業裡，員工生產的工作臺上物品一律擺放整齊，桌子上面都畫好格子，哪個位置放什麼工具一目瞭然，便於拿取和操作。而且員工在工作時間幾乎沒有閒聊的，全都聚精會神地做自己的工作。

　　這位負責人大發感嘆，想到在自己的公司裡，員工的工作臺上擺滿亂七八糟的物品，不僅包括工作工具，還有自己的生活用品，結果操作時常常因為找不到工具而耽誤時間。

　　不僅如此，他們上班時間聊天、吃東西、做私事也很常見。相比之下，這位負責人明白了日本企業高效率的原因。

　　由此可見，員工的專業性的確影響企業效益。團隊想要在激烈的競爭中立於不敗之地，培養下屬的專業度是關鍵。

　　然而，很多管理人員都忽略了對下屬專業心態的培養，甚至根本就沒有培養專業心態這個概念。不然為什麼企業中不乏高智商、高學歷的主管，可是員工的效率依然不高呢？也許就在於專業度的缺乏。

　　沒有專業化的行為，就無法創造效率。專業化如此重要，主管若希望得到高績效員工，就需要培養員工的專業性。

　　其實，專業性就是把工作標準化和制度化。一般而言，專業化的內涵有四個方面：工作技能、工作形象、工作心態和工作道德。其中，專業化的工作心態是完美工作的原動力。具備專業化的心態，以專業化的態度做事，下屬的行為才能成為自覺的行為，無須再用企業的規章制度和懲罰措施強行約束。同時對下屬要加強培訓專業化的工作形象，比如營造彬彬有禮、友好的氣質，以得到客戶的認同和歡迎等。

　　而專業化的工作技能培訓則根據行業各自有別。如果員工從事客服工作，要培訓他們回答客戶的問題時肯定而明快、提供客戶的資訊正確而及時、與客戶之間發生摩擦時具備優秀協調能力與溝通技巧等。如果是生產型企業，清晰、確實的操作制度和流程就是標準化的表現。雖然這樣顯得死板、限制下屬在工作中的創造性，但事實證明，這種對流程的執著反而提升了他們整體的工作效率，使他們可以用更少的時間創造更多的財富。

第十四章　帶領員工一起登頂

專業化的工作道德培訓，包括讓下屬了解自己的工作對客戶的價值，並建立對公司的歸屬感。這樣他們對於工作的熱愛便能發自內心，工作遂會演變為自發的行為。

當然，要讓員工專業化，主管自己要以身作則，讓自己先專業化。只有自己先展現出專業態度，才可以糾正或批評下屬不夠專業的地方。

在足球比賽中，職業運動員與業餘運動員同場競技，其結果不言自明，建立專業化心態、達到專業化的標準不僅是個人職涯的需求，更是團隊發展的需要。因為專業化流程中每個環節都有其規矩，按規則做事才能提高效率，並為團隊帶來競爭力。

提升員工的自我管理能力

不管是多完美的策略，都必須經過有效的執行才能發揮效用，而有效執行除了由企業文化引導與制度約束之外，重要的是員工的行動力。員工的行動力靠什麼來保證呢？不能單純靠規章制度，而得從提升員工自我管理的意識與能力入手，這樣才能讓員工更加積極、主動地參與，不必經由督促，他們也會把工作做到最好。

可是，幾乎每個企業中都有自我管理能力較差的員工。雖然他們不是有意為之，但事到臨頭就是無法管住自己，結果對

周圍的人造成困擾，自己工作起來也很被動。對此他們也困惑，不知道應該怎樣控制好自己。

當作為主管的你，遇到這樣的下屬怎麼辦？

- **引導幫助**：在遇到不善管理自我的員工時，主管可以直言相勸這樣任性妄為的危害，讓他們明白這種壞習慣會影響自身的成長，也會影響自己的人際關係。

  之後可以採取一系列措施幫助他們改正。比如引導他們向優秀員工看齊、監督他們平時的言行等，可以對他們的好表現及時表揚，也可以和他們約定必要時的懲罰措施，這樣多管齊下後，他們的這些壞習慣慢慢就會糾正過來。

- **正確的企業文化引導**：良好的公司氣氛會讓員工無形之中得到自我成長的壓力與動力。在企業內部形成一種互相追逐、鼓勵競爭的機制，就是好的企業文化，也能促使員工主動進行自我管理。

- **公平公正的用人制度**：員工提升自我管理是為了什麼？一是為了自我突破，二是為企業作貢獻。那麼，公平公正的選人、用人機制才可以為他們提供空間一展長才。唯有員工看到自己的努力得到了回報，才會激勵自己不斷提升。

- **充滿活力、鼓勵創新的氛圍**：充滿活力、鼓勵創新的企業會促使員工追求變革，得到足夠的動力，積極、主動地進行自我管理。而在缺乏創新機制的企業內部，員工追求自

我成長的動力會受到極大壓制。因此,幫助他們營造充滿活力、鼓勵創新的氛圍也是主管的任務。

· **融洽的人際關係**:員工之間需要相互幫助。而積極、融洽的人際關係,也可以為員工提供相互學習、相互交流的機會。員工在融洽的團隊氛圍中,也會得到足夠的進步動力。

總之,提升員工自我管理能力的目的,在於使企業與員工一起成長。這種管理手段擺脫了傳統的命令與控制模式,一方面可以為企業的發展提供更多智慧與力量,另一方面也讓自己更加成長。從而使企業與員工形成一種合作共贏的新型關係。

對下屬寄予更高的期望

有一個人死後升上天堂。他以前是司機,現在想為上帝開車。於是,上帝的侍者帶他到天堂的車房中參觀。他看到那裡有很多輛國民小轎車,只有寥寥可數的幾部勞斯萊斯,不滿意地問:「為什麼豪車只有這麼一點點?」侍者攤開雙手無可奈何地說:「我們也沒有辦法,凡人祈禱時都說他們不貪心,要天主賜給他們小轎車,只有很少數的人敢要求勞斯萊斯,所以這種車就很少了。」

這個故事旨在說明一個道理,有時候下屬沒有出色績效,只是因為他們沒有對高績效產生過期待。就像一個每月只領25k

的人從來沒有想像過年薪百萬的生活一樣。既然他們連想都沒有想過，又怎能得到？

切莫以為這種態度就是知足常樂，這扼殺的恰恰是自己的創造力和無窮的潛力。主管的職責就是寄予下屬更高的期望，讓他們勇於幻想，並且幫助他們夢想成真。

這種期望對於工作不久的年輕人尤其能發揮出神奇作用，這些人的自我評價還不曾被自己的平庸績效打擊。而那些工作時間長的人，如果以往的工作績效不高，思維慣性就會讓他們認為自己難以超越從前。

有位講授電腦課程的教授，就曾經在自己高期望的教育模式下，將一位電腦中心的警衛培養成合格的電腦工程師。

他為了證實自己想法，專門挑選低學歷的人培養。這位警衛就是其中之一，他上午老老實實地看門，下午拿來學習電腦知識和技術。結果這位曾經連打字都不會的人不但成功學會使用電腦，後來在機房工作時還負責培訓新雇員編寫電腦程式。

由此可見，主管的期望是促使下屬快速成長的巨大動力，主管要相信在下屬身上可以發生奇蹟。在日常工作中，即便是對於那些過往績效平平的員工，也不要將失望的表情表露無遺，要像對待高績效員工一樣對待他們，說服他們有能力完成某個目標，然後鼓勵他們挑戰更大的成就。

在員工的心目中，上司對自己是否抱有更高的期望，對他們心態產生的影響是不一樣的。例如，某部門有甲乙兩位下

第十四章　帶領員工一起登頂

屬。甲明白自己的主管期望自己在半年時間內將銷售業績提升到前三名，渾身充滿幹勁。可是乙呢？如果主管對他不曾有什麼期望，他也已經對自己喪失信心了。

正因為主管的期盼在員工的心目中如此重要，因此，若想達到最佳的激勵效果，我們可以以下方式來表達自己的期盼：

「小馬，你來我們公司有一段時間了，已經變得非常能幹。我看了上一季的報表，你連續三個月都排在部門業績第一名，非常難得！作為你的直屬上司，先前忙於各種工作，對你的指導並不多，你為部門立下眾多功勞，我要向你表示謝意，希望你能再接再厲，相信半年之後一定能成為全公司的業績榜首！」

如此，從表揚到感謝，再到期望，下屬了解了主管的期望，會把期盼變成工作的動力，由感動到感激，奮發向上。

當然，這種期盼也是建立在員工能力所及的標準上。只是上司為他撥開迷霧，引領他站在新的高度看待自己而已。

另外，對下屬的展望也是培養員工忠誠度的一種方式。習慣跳槽的人很多是為了追求自己的價值。特別是目前進入知識經濟時代，員工愈發在意自我價值的需求。如果管理者在公司中充分滿足下屬，能把高難度的工作分配給下屬，幫助他們達成自己的願望，下屬又怎麼會選擇其他公司呢？美國一位管理顧問說：「設立高期望，能為那些富有挑戰精神的菁英提供更多機會。替他們創造新的成就提供機會。」

另外，對下屬寄予高期盼也是以人為本的表現。在早期的管理實踐中，管理者主要關注生產要素，後期則將管理焦點轉至員工身上。對下屬寄予高期盼是關心下屬的表現，這種經營管理模式當然深得人心。

因此，聰明的主管們，在加強自己能力的同時，不要忘記時時鼓勵下屬，給他們一片施展的空間，讓下屬和你共同成長。

讓更多優秀員工脫穎而出

大家都知道，企業發展離不開忠誠敬業、勇於負責、績效卓著的優秀員工。成為優秀員工是每位員工的嚮往，也是上司們所希望的。那麼，優秀員工與普通員工相比有什麼不同呢？

這就像 NBA 優秀球員與普通球員的差別一樣，他們在比賽場上有超強的組織能力、應變能力和技術風格，因此才受到球隊的青睞，受到廣大球迷的追捧。同時，也為他們自己帶來了豐厚的物質榮譽雙豐收。

那麼，怎樣才能成為這樣的優秀員工呢？答案是領導者的精心培養和重用。

領導者的威力和影響力人所共知。「一頭綿羊帶領一群獅子，敵不過一頭獅子帶領一群綿羊」，就是對優秀領導者的最高評價。在部門員工中，主管就擔當著雄獅的角色。但是他的

第十四章 帶領員工一起登頂

職責不是帶領綿羊般的員工去征戰，而是要把綿羊都培養成能征善戰的雄獅。

主管一個人有能力不等於所有員工都有能力，主管一個人成功並不代表團隊都能取得成功。可是，很多企業中，有些主管只忙於自己向上攀登，卻沒有及時幫助員工，結果無法形成上下齊心、同心同德的團隊。

而那些優秀的主管則不同，他們明白，對企業來說，一個高績效的團隊，必須是所有個體充分發揮主動性和創造性的最佳組合。他們的宗旨就是讓員工和自己一同成功，因此都高度重視員工能力的建設和培養。在工作中，他們會積極發揮拋磚引玉的效果，為團隊培養出更多像自己一樣甚至超越自己的優秀員工。

家電霸主王先生就是在老闆的引領下一步步成長壯大，進而攀登成為高階主管的。

王先生中學畢業後經別人介紹，進了一家電器貿易行任職。他工作積極用心，能力不斷提高。老闆見他精明能幹，便有意鍛鍊培養，經常派他出門去收取舊帳，並告訴他一些收帳的技巧，收帳碰壁，老闆就會和他一起分析應對的辦法。王先生從老闆那裡學到不少知識，之後他果然沒有讓老闆失望，收回了不少沉疴舊帳。

老闆看到他能力成長，便更加栽培，又讓他管理財務。王

先生抓住這次難得的機會，沒多久就對財務相關知識嫻熟於心。

在往後幾年，老闆又讓王先生接觸各項經營業務。就這樣，王先生透過接觸不同的職位，累積了豐富的工作經驗，也結交了不少朋友，這些都為他後來成為業界霸主打下良好的基礎。

後來，在談到自己的成功時，王育佑對老闆的感激之情溢於言表。他說：「是老闆給我提供了鍛鍊的機會。沒有老闆當時的幫助，我不可能取得如此大的成就。」

的確，在員工的成長過程中，主管有著很重要的作用。那些優秀的主管們為了培養優秀員工，也會像王育佑的老闆一樣付出心血，為下屬打造舞台，讓他們充分施展自己的聰明才智。為了擴張企業規模，使企業和自己雙贏、讓每個員工成為優秀員工、讓優秀員工脫穎而出，他們會透過自己的領導魅力感染員工的工作態度，促使那些有待改進的員工改變工作作風，並透過創造集思廣益的團隊激勵員工工作熱情，從而提高工作效率。

而員工們也會在他們的帶領下，同心協力，珍惜每一次鍛鍊的機會，千方百計地創造佳績，當中某些人還能不斷超越自己，從優秀邁向卓越。

最為可貴的是，在這些優秀員工榜樣的影響下，其他員工也會受到感染，一起積極工作，最終所有員工的優秀表現為公司帶來更多效益，促進公司的發展。

第十四章　帶領員工一起登頂

　　由此可見，員工、企業及領導者是共生共榮的，唯有互相幫助、高度團結、優勢互補，才能組合出卓爾不群的效能執行力，企業發展也才具有永不枯竭的動力。因此，主管在向上攀登的同時，不要忘記幫助員工成長，和他們互相搭臺，共同起飛，讓更多的優秀員工脫穎而出，讓員工們都成為你麾下的雄獅！

讓更多優秀員工脫穎而出

電子書購買

國家圖書館出版品預行編目資料

沒有人天生在上位，學會「帶人」無所畏：高EQ、大格局、好手腕，你讓下屬人人追捧、老闆不得不用！/ 楊仕昇，原野編著. -- 第一版. --臺北市：財經錢線文化事業有限公司, 2022.11
面；　公分
POD 版
ISBN 978-957-680-531-8(平裝)
1.CST: 企業領導 2.CST: 組織管理 3.CST: 職場成功法
494.2　　111016655

沒有人天生在上位，學會「帶人」無所畏：高EQ、大格局、好手腕，你讓下屬人人追捧、老闆不得不用！

臉書

編　　著：楊仕昇，原野
封面設計：康學恩
發 行 人：黃振庭
出 版 者：財經錢線文化事業有限公司
發 行 者：財經錢線文化事業有限公司
E - m a i l：sonbookservice@gmail.com
粉 絲 頁：https://www.facebook.com/sonbookss/
網　　址：https://sonbook.net/
地　　址：台北市中正區重慶南路一段六十一號八樓 815 室
Rm. 815, 8F., No.61, Sec. 1, Chongqing S. Rd., Zhongzheng Dist., Taipei City 100, Taiwan
電　　話：(02) 2370-3310　　傳　　真：(02) 2388-1990
印　　刷：京峯彩色印刷有限公司（京峰數位）
律師顧問：廣華律師事務所 張珮琦律師

定　　價：375 元
發行日期：2022 年 11 月第一版
◎本書以 POD 印製